陕西省通用安装工程消耗量定额

（2025）

第五册　建筑智能化安装工程

批准部门：陕西省住房和城乡建设厅
主编单位：陕西省建设工程造价服务中心
参编单位：宏业国际项目管理有限公司
软件支持：广联达西安科技有限公司
实施日期：2025年7月1日

中国计划出版社

北京

本册编写人员名单

主　　　编： 赵启哲　赵玉兰

副　主　编： 贺渤伦　曹　方　庄智斌

编 写 人 员： 许泽梅　商　艳　武　波　吝治国　董乐乐　彭　涛

范永巍　刘亚锐　贾秀荣

软 件 操 作： 郭继庆　路燚桓

总 说 明

一、《陕西省通用安装工程消耗量定额（2025）》共分十二册，包括：

第一册　机械设备安装工程

第二册　热力设备安装工程

第三册　静置设备与工艺金属结构制作安装工程

第四册　电气设备与线缆安装工程

第五册　建筑智能化安装工程

第六册　自动化控制仪表安装工程

第七册　通风空调安装工程

第八册　工业管道安装工程

第九册　消防安装工程

第十册　给排水、采暖、燃气安装工程

第十一册　信息通信设备与线缆安装工程

第十二册　防腐蚀、绝热工程

二、《陕西省通用安装工程消耗量定额（2025）》（以下简称“本定额”）是完成规定计量单位分部分项工程所需的人工、材料、施工机械台班、仪器仪表台班的消耗量标准。

三、本定额适用于工业与民用新建、扩建和改建工程项目中的通用安装工程。

四、本定额是在2021年《陕西省安装工程消耗量定额》基础上，以国家和有关行业发布的现行设计规程或规范、施工及验收规范、技术操作规程、质量评定标准、产品标准和安全操作规程、绿色建造规定等，并结合我省实际进行编制。

五、本定额是按照正常施工组织和施工条件，国内大多数施工企业采用的施工方法、机械装备水平、合理的劳动组织及工期进行编制。

1. 设备、材料、成品、半成品、构配件完整无损，符合质量标准和设计要求，附有合格证书和检验、试验合格记录。

2. 安装工程和土建工程之间的交叉作业合理、正常。

3. 安装地点、建筑物实体、设备基础、预留孔洞、预埋件等均符合安装设计要求。

4. 正常的气候、地理条件和施工环境。

5. 水、电供应均满足安装工程正常使用。

六、本定额未包括的项目，可按其他专业相应消耗量定额执行。

七、关于人工：

1. 人工以综合工日表示。

2. 人工消耗量包括基本用工、辅助用工和人工幅度差。

3. 人工每工日按照8小时工作制计算。

八、关于材料：

1. 材料泛指原材料、成品、半成品。包括施工中主要材料、辅助材料、周转材料和其他材料。在项目中以“（×××）”表示的材料为主要材料。

2. 材料用量：

（1）材料用量包括净用量和损耗量。

（2）材料损耗量包括从工地仓库运至安装堆放地点或现场加工地点运至安装地点的搬运损耗、安装操作损耗、安装地点堆放损耗。

（3）材料损耗量不包括场外的运输损失、仓库（含露天堆场）地点或现场加工地点保管损耗、由于材料规格和质量不符合要求而报废的数量；不包括规范、设计文件规定的预留量、搭接量、冗余量。

3. 项目中列出的周转性材料用量是按照不同施工方法、考虑不同工程项目类别、选取不同材料规格综合计算出的摊销量。

4. 对于用量少、低值易耗的零星材料，列为其他材料。按照消耗性材料费用比例计算。

九、关于机械：

1. 施工机械是按照常用机械、合理配备考虑，同时结合施工企业的机械化能力与水平等情况综合确定。

2. 施工机械台班消耗量是按照机械正常施工效率并考虑机械施工适当幅度差综合取定。

3. 原单位价值在 2000 元以内、使用年限在一年以内不构成固定资产的施工机械，不列入机械台班消耗量，其消耗的燃料动力等综合在其他材料费中。

4. 机械台班按每台班 8 小时工作制计算。

十、关于仪器仪表：

1. 仪器仪表是按照正常施工组织、施工技术水平考虑，同时结合市场实际情况综合确定。

2. 仪器仪表台班消耗量是按照仪器仪表正常使用率，并考虑必要的检验检测及适当幅度差综合取定。

3. 原单位价值在 2000 元以内、使用年限在一年以内不构成固定资产的仪器仪表，不列入仪器仪表台班消耗量，其消耗的燃料动力等综合在其他材料费中。

十一、关于水平运输和垂直运输：

1. 水平运输：

（1）水平运输距离是指由施工单位现场仓库或指定堆放地点运至安装地点或垂直运输点的距离。设备水平运距按照 200m、材料（含成品、半成品）水平运距按照 300m 综合取定，执行时不做调整。

（2）项目中未考虑场外运输和场内二次搬运。工程实际发生时应根据有关规定另行计算。

2. 垂直运输：

（1）垂直运输基准面为室外地坪。

（2）垂直运输是按照建筑物层数 6 层以下、建筑高度 20m 以下、地下深度 10m 以内考虑，工程实际超过时，应计算建筑物超高（深）增加费。

十二、关于安装操作高度：

1. 安装操作基准面一般是指室外地坪或室内各层楼地面地坪。

2. 安装操作高度是指安装操作基准面至安装点的垂直高度。除各册另有规定者外，安装操作高度综合取定为 6m 以内。工程实际超过时，应计算安装操作高度增加费。

十三、关于建筑超高（深）增加费：

1. 建筑超高（深）增加费是指在建筑物层数 6 层以上、建筑高度 20m 以上、地下深度 10m 以上的建筑施工时，应计算建筑超高（深）需要增加的安装费。各册另有规定者除外。

2. 建筑超高（深）增加费包括人工降效、使用机械（含仪器仪表、工具用具）降效、延长垂直运输时间等费用。

3. 建筑超高（深）增加费，以单位工程（群体建筑以车间或单栋楼设计为准）全部工程量（含地下、地上部分）为基数，按照系数法计算。系数详见各册说明。

4. 单位工程（群体建筑以车间或单栋楼设计为准）满足建筑高度、建筑物层数、地下深度之一者，均应计算建筑超高（深）增加费。

十四、关于脚手架搭拆：

1. 脚手架搭拆是根据施工组织设计、满足安装需要所采取的安装措施。脚手架搭拆除满足自身安全外，不包括工程项目安全、环保、文明等工作内容。

2. 脚手架搭拆综合考虑了不同的结构形式、材质、规模、占用时间等要素，执行时不做调整。

3. 在同一个单位工程内有若干专业安装时，凡符合脚手架搭拆计算规定者，应分别计算脚手架搭拆费用。

十五、本定额中没有考虑施工与生产同时进行、在有害身体健康（防腐工程、检测项目除外）条件下施工时的降效，工程实际发生时按各册相关规定另行计算。

十六、本定额适用于海拔 2000m 以下地区。

十七、本定额中注有“××以内”或“××以下”者，均包括××本身；注有“××以外”或“××以上”者，则不包括××本身。

十八、凡本说明未尽事宜，详见各册说明。

十九、本定额的解释和日常管理，由陕西省建设工程造价服务中心负责。

目　　录

第四章　有线电视、卫星接收系统工程

第五章　音频、视频系统工程

第六章　安全防范系统工程

第七章　智能建筑设备防雷接地

册　说　明

一、第五册《建筑智能化安装工程》适用于工业、民用建设项目中智能化系统安装与调试工程。包括：计算机、网络系统、建筑设备自动化、有线电视、卫星接收、音频与视频系统、安全防范系统等安装。

二、本册主要依据的规范标准有：

1.《建设工程分类标准》GB/T 50841—2013；

2.《智能建筑工程施工规范》GB 50606—2010；

3.《智能建筑工程质量验收规范》GB 50339—2013。

三、本册除各章另有说明外，均包括下列工作内容：

1. 施工准备，设备、材料及工机具场内运输，设备开箱检验、配合基础验收，吊装设备就位、安装、连接，设备调平找正、固定，临时移动水源与电源，配合检查验收等。

2. 设备、天线、铁塔按照成套购置考虑，项目中包括构件、标准件、附件和设备内部连线等安装。

四、相关说明：

1. 电源线敷设、控制电缆敷设、电缆桥架或支架制作与安装、电线槽安装、电线管敷设、电缆保护管敷设以及 UPS 电源及附属设施、配电箱等安装，应执行第四册《电气设备与线缆安装工程》相应项目。

2. 凿孔、开槽等，应执行第十册《给排水、采暖、燃气安装工程》相应项目。

五、下列费用可按系数分别计取：

1. 安装高度超过安装操作基准面 6m 时，安装操作高度增加费，应按照相应安装项目人工费乘以下表规定系数计算。

系数表

安装高度距离安装操作基准面（m）	≤ 10	≤ 30	≤ 50	> 50
系数	0.10	0.30	0.50	0.75

2. 建筑超高、超深增加费，应按下表规定系数计算。其中：人费为 36.50%，机械费与仪器仪表为 63.50%。

建筑超高、超深增加费表

建筑物高度（m 以内）	40	60	80	100	120	140	160	180	200
建筑物层数（层以内）	12	18	24	30	36	42	48	54	60
地下深度（m 以内）	20	30	40	—	—	—	—	—	—
按照人工费计算（%）	3	6	10	16	22	28	34	40	46

注：建筑物层数大于 60 层时，以 60 层为基础，按每增加一层增加 1%计算。

3. 脚手架搭拆费，应按安装工程人工费的 5%计算，其中：人工费为 40%，材料费为 50%，机械费为 10%。

4. 安装与生产同时进行增加的费用，应按安装工程人工费的 6%计算。

5. 在有害身体健康的环境中施工降效增加的费用，应按安装工程人工费的 6%计算。

6. 拆除费用（现场变更等因素需要拆除的项目），应按相应安装项目人工费、机械费的 40%，材料费的 10%计算。

六、系统试运行是按照连续无故障运行 120 小时考虑（有特殊要求除外），超出试运行时间以及试运行中发生的水、电、气等费用另行计算。

第一章

计算机及网络系统工程

说　明

一、本章内容包括台架、插箱、互联线缆制作安装和输入设备、输出设备、控制设备、存储设备、路由器、适配器、网络中继器、防火墙、交换机、无线设备、网桥、调制解调器、服务器与桌面终端的安装与本体调试。以及系统软件、数据库软件、其他软件的安装、本体调试、计算机及网络系统联调和计算机及网络系统的试运行。

二、本章不包括以下工作内容：

1. 输入设备、输出设备、控制设备、存储设备、路由器、适配器、网络中继器、防火墙、交换机、无线设备、网桥、调制解调器、服务器与桌面终端的安装与本体调试项目：

（1）设备本身的功能性故障排除。

（2）缺件、配件的制作。

（3）在特殊环境条件下的设备加固、防护和电缆屏蔽。

（4）应用软件的开发、病毒的清除、版本升级与外系统的校验或统调。

2. 计算机及网络系统互联及调试项目：

（1）系统中设备本身的功能性故障排除。

（2）与计算机系统以外的外系统联试、校验或统调。

3. 系统软件、数据库软件，以及其他软件的安装、调试项目：

（1）排除由于软件本身缺陷造成的故障。

（2）排除软件不配套或不兼容造成的运转失灵。

（3）排除硬件设备的故障引起的失灵、操作系统发生故障中与计算机系统以外的外系统联试、校验或统调。

4. 机柜安装执行本册第二章相应项目。

5. 显示器安装、调试执行本册第五章相应项目。

工程量计算规则

一、输入设备、输出设备、控制设备、存储设备、路由器、适配器、网络中继器、防火墙、交换机、无线设备、网桥、调制解调器、服务器与桌面终端的安装调试，应按设计图示数量，分别以“台”为计量单位。

二、互联电缆制作、安装，应按设计图示数量，分别以“条”为计量单位。

三、系统软件、数据库软件、其他软件安装调试，应按设计图示数量，分别以“套”为计量单位。

四、计算机及网络系统联调及试运行，以“系统”为计量单位。

一、输入设备安装、调试

1. 数字化仪安装、调试

工作内容：开箱检查、本体安装调试等。　　　　计量单位：台

编　　号				5-1-1	5-1-2
项　　目				数字化仪	
				A0、A1	A3、A4
名　　称			单位	消　耗　量	
人工	000203000	综合二类工	工日	0.650	0.325
材料	850103005	其他材料费	元	0.500	0.500
机械	990422010	手动液压叉车	台班	0.200	—
	870199011	笔记本电脑	台班	0.200	0.050

2. 扫描仪安装、调试

工作内容：开箱检查、本体安装调试等。　　　　计量单位：台

编　　号				5-1-3	5-1-4
项　　目				扫描仪	
				B0、B1	A3、A4
名　　称			单位	消　耗　量	
人工	000203000	综合二类工	工日	0.975	0.130
材料	850103005	其他材料费	元	0.500	0.500
机械	990422010	手动液压叉车	台班	0.300	—
	870199011	笔记本电脑	台班	0.050	0.050

二、输出设备安装、调试

1. 打印机安装、调试

工作内容：开箱检查、本体安装调试等。　　**计量单位：**台

编　号				5-1-5	5-1-6
项　目				打印机	
				A0、A1	A3、A4
名　称			单位	消　耗　量	
人工	000203000	综合二类工	工日	0.325	0.163
材料	850103005	其他材料费	元	0.500	0.500
机械	990422010	手动液压叉车	台班	0.100	—
	870199011	笔记本电脑	台班	0.050	0.050

2. 绘图仪安装、调试

工作内容：开箱检查、本体安装调试等。　　**计量单位：**台

编　号				5-1-7	5-1-8
项　目				绘图仪	
				B0、B1	A3、A4
名　称			单位	消　耗　量	
人工	000203000	综合二类工	工日	0.600	0.160
材料	850103005	其他材料费	元	4.800	4.800
机械	990422010	手动液压叉车	台班	0.300	—
	870199011	笔记本电脑	台班	1.500	0.200

3. 其他输入、输出设备安装、调试

工作内容： 1. 开箱检查、本体安装调试等。
2. 划线、定位、设备组装、接线、接地。

计量单位： 台

编号				5-1-9	5-1-10
项目				X-Y 记录仪	多功能一体机
名称			单位	消耗量	
人工	000203000	综合二类工	工日	0.500	0.200
材料	850103005	其他材料费	元	0.500	0.500
机械	990422010	手动液压叉车	台班	0.100	—
	870199011	笔记本电脑	台班	0.150	0.100

工作内容： 1. 开箱检查、本体安装调试等。
2. 划线、定位、设备组装、接线、接地。

计量单位： 台

编号				5-1-11	5-1-12
项目				液晶显示器	
				摆放	壁挂
名称			单位	消耗量	
人工	000203000	综合二类工	工日	0.250	0.300
材料	850103005	其他材料费	元	1.500	1.500
机械	990422010	手动液压叉车	台班	0.050	0.150
	870199011	笔记本电脑	台班	0.200	0.200
	870613028	工业用真有效值万用表	台班	0.100	0.100

三、控制设备安装、调试

1. 计算机通信控制器安装、调试

工作内容：开箱检查、接线，本体安装调试等。 计量单位：台

编号				5-1-13
项目				计算机通信控制器
名称			单位	消耗量
人工	000203000	综合二类工	工日	3.000
材料	850103005	其他材料费	元	1.880
机械	870199013	宽行打印机	台班	0.100
	870199011	笔记本电脑	台班	0.800

2. 模/数（A/D）、数/模（D/A）转换设备安装、调试

工作内容：开箱检查、接线、接地、本体安装调试等。 计量单位：台

编号				5-1-14	5-1-15	5-1-16	5-1-17
项目				A/D、D/A 转换设备			
				8 路、8 位	8/16 路、12 位	48/64 路、32 位	96/128 路、32/64 位
名称			单位	消耗量			
人工	000203000	综合二类工	工日	1.000	1.200	4.000	4.500
材料	280301006	铜芯塑料绝缘电线 BV-6mm^2	m	2.040	2.040	2.040	2.040
	290901004	铜端子 6mm^2	个	2.040	2.040	2.040	2.040
	850103005	其他材料费	元	2.980	2.980	2.980	2.980
机械	873148008	数字示波器	台班	0.500	1.000	3.500	4.000
	873136056	时间间隔测量仪	台班	1.000	1.100	2.000	2.500
	870199011	笔记本电脑	台班	1.000	1.100	3.500	4.000

3. KVM 切换器设备安装、调试

工作内容：开箱检查、接线、接地、本体安装调试等。　　**计量单位：**台

编号				5-1-18	5-1-19
项目				KVM 切换器（端口）	
				≤8	≤32
名称			单位	消耗量	
人工	000203000	综合二类工	工日	1.600	2.000
材料	280301006	铜芯塑料绝缘电线 BV-6mm^2	m	2.040	2.040
	290901004	铜端子 6mm^2	个	2.040	2.040
	850103005	其他材料费	元	1.000	2.000
机械	870613028	工业用真有效值万用表	台班	0.200	0.400

四、存储设备安装、调试

1. 数字硬盘录像机、磁盘阵列机、光盘库安装、调试

工作内容：开箱检查、接线、接地、本体安装调试等。　　**计量单位：**台

编号				5-1-20	5-1-21
项目				数字硬盘录像机	
				带环路	不带环路
				≤16	＞16
名称			单位	消耗量	
人工	000203000	综合二类工	工日	3.000	4.500
材料	280301006	铜芯塑料绝缘电线 BV-6mm^2	m	2.040	2.040
	290901004	铜端子 6mm^2	个	2.040	2.040
	850103005	其他材料费	元	3.700	3.700
机械	870199011	笔记本电脑	台班	1.500	3.500
	870613028	工业用真有效值万用表	台班	0.050	0.050

工作内容：开箱检查、接线、接地、本体安装调试等。 **计量单位：**台

编号				5-1-22	5-1-23	5-1-24	5-1-25
项目				磁盘阵列机（通道）			
				2	4	8	16
名称			单位	消耗量			
人工	000203000	综合二类工	工日	2.000	4.000	8.000	12.000
材料	280301006	铜芯塑料绝缘电线 BV-6mm²	m	2.040	2.040	4.080	8.160
	290901004	铜端子 6mm²	个	2.040	2.040	4.080	8.160
	022909001	白绸	m²	1.000	1.000	1.500	3.000
	850103005	其他材料费	元	2.520	3.500	4.500	5.000
机械	990422010	手动液压叉车	台班	0.400	0.500	0.500	0.500
	870199011	笔记本电脑	台班	0.800	1.200	1.500	2.500

工作内容：开箱检查、接线、接地、本体安装调试等。 **计量单位：**台

编号				5-1-26	5-1-27	5-1-28
项目				磁盘阵列机（通道）		
				32	128	每增加 1 个标准硬盘
名称			单位	消耗量		
人工	000203000	综合二类工	工日	18.000	30.000	0.200
材料	280301006	铜芯塑料绝缘电线 BV-6mm²	m	16.320	65.280	—
	290901004	铜端子 6mm²	个	16.320	65.280	—
	022909001	白绸	m²	6.000	9.000	0.300
	850103005	其他材料费	元	1.500	5.000	0.040
机械	990422010	手动液压叉车	台班	0.500	0.500	—
	870199011	笔记本电脑	台班	3.500	4.000	0.080

工作内容：开箱检查、接线、接地、本体安装调试等。　　　　**计量单位：**台

编号				5-1-29	5-1-30	5-1-31	5-1-32
项目				光盘库			
				光盘匣（个以内）			每增加 1 个光盘匣
				4	16	32	
名称			单位	消耗量			
人工	000203000	综合二类工	工日	2.500	6.000	13.000	0.650
材料	280301006	铜芯塑料绝缘电线 BV-6mm²	m	2.040	2.040	2.040	—
	290901004	铜端子 6mm²	个	2.040	2.040	2.040	—
	022909001	白绸	m²	2.000	4.000	8.000	0.500
	303301001	光盘 5″	片	2.000	4.000	6.000	—
	850103005	其他材料费	元	1.100	3.200	5.000	0.200
机械	990422010	手动液压叉车	台班	0.500	0.500	0.500	—
	870199011	笔记本电脑	台班	1.200	3.000	7.000	0.300

2. 磁带机、磁带库安装、调试

工作内容：开箱检查、设备组装、接线、接地、本体安装调试等。　　　　**计量单位：**台

编号				5-1-33	5-1-34	5-1-35	5-1-36	5-1-37
项目				台式磁带机	盒式磁带机（盘以内）			
					16	32	64	128
名称			单位	消耗量				
人工	000203000	综合二类工	工日	0.300	1.000	1.600	2.600	5.200
材料	303309001	磁带	盒	（0.500）	（1.000）	（2.000）	（4.000）	（6.000）
	303309002	磁带（清洁带）	盒	（0.500）	（1.000）	（1.000）	（2.000）	（3.000）
	280301006	铜芯塑料绝缘电线 BV-6mm²	m	2.040	2.040	4.080	8.160	16.320
	290901004	铜端子 6mm²	个	2.040	2.040	4.080	8.160	16.320
	022909001	白绸	m²	0.100	0.100	0.200	0.400	0.600
	850103005	其他材料费	元	2.800	3.000	3.500	4.500	5.000
机械	990422010	手动液压叉车	台班	—	0.500	0.500	0.500	0.500
	870199011	笔记本电脑	台班	0.200	2.000	3.500	6.000	10.000

工作内容：开箱检查、设备组装、接线、接地、本体安装调试等。 计量单位：台

编号				5-1-38	5-1-39	5-1-40	5-1-41
项目				磁带库（盒）			
				小型	中型	大型	＞1000，每增加50
				≤200	≤500	≤1000	
名称			单位	消耗量			
人工	000203000	综合二类工	工日	3.500	6.500	10.500	0.800
材料	303309001	磁带	盒	（1.000）	（2.000）	（4.000）	（1.000）
	303309002	磁带（清洁带）	盒	（1.000）	（1.000）	（2.000）	（1.000）
	280301006	铜芯塑料绝缘电线 BV-6mm^2	m	2.040	2.040	2.040	—
	290901004	铜端子 6mm^2	个	2.040	2.040	2.040	—
	850103005	其他材料费	元	1.500	4.500	5.000	0.500
机械	990422010	手动液压叉车	台班	0.500	0.500	0.500	0.160
	870199011	笔记本电脑	台班	3.000	6.000	8.000	0.500

五、台架、插箱安装

工作内容：开箱检查、划线、定位、设备组装、接线、接地、本体安装等。 计量单位：台

编号				5-1-42	5-1-43	5-1-44	5-1-45
项目				台架		插箱	
				650×700	650×1200	固定式标准插箱	翻转式标准插箱
名称			单位	消耗量			
人工	000203000	综合二类工	工日	0.900	1.050	0.900	1.350
材料	280301006	铜芯塑料绝缘电线 BV-6mm^2	m	—	—	2.040	2.040
	280301009	铜芯塑料绝缘电线 BV-16mm^2	m	2.040	2.040	—	—
	290901004	铜端子 6mm^2	个	—	—	2.040	2.040
	290901006	铜端子 16mm^2	个	2.040	2.040	—	—
	850103005	其他材料费	元	1.000	1.200	1.000	1.200
机械	990422010	手动液压叉车	台班	0.200	0.300	0.200	0.300
	870613028	工业用真有效值万用表	台班	0.100	0.100	0.100	0.100
	870622055	接地电阻测试仪	台班	0.050	0.050	0.050	0.050

六、互联电缆制作、安装

1. 圆导体带状电缆制作、安装

工作内容： 量裁线缆、线缆与插头的安装焊接、测试等。　　**计量单位：** 条

编　号				5-1-46	5-1-47	5-1-48	5-1-49	5-1-50
项　目				带连接器的圆导体带状电缆（线以内）				
				10	20	34	50	60
名　称			单位	消　耗　量				
人工	000203000	综合二类工	工日	0.300	0.350	0.450	0.500	0.600
材料	280008006	带状电缆	m	(1.020)	(1.020)	(1.020)	(1.020)	(1.020)
	264500002	插头	个	(2.020)	(2.020)	(2.020)	(2.020)	(2.020)
	850103005	其他材料费	元	0.500	0.500	0.500	0.500	0.500
机械	870622039	钳形接地电阻测试仪	台班	0.250	0.250	0.250	0.250	0.250
	870613028	工业用真有效值万用表	台班	0.050	0.070	0.100	0.150	0.180

2. 外设接口电缆、外设电缆制作、安装

工作内容： 量裁线缆、线缆与插头的安装焊接、测试等。　　**计量单位：** 条

编　号				5-1-51	5-1-52	5-1-53	5-1-54
项　目				带连接器的外设接口电缆（芯以内）		带连接器的外设电缆（芯以内）	
				7	37	19	32
名　称			单位	消　耗　量			
人工	000203000	综合二类工	工日	0.300	0.450	0.300	0.450
材料	280008015	外设接口电缆	m	(1.500)	(1.500)	—	—
	280008014	外设电缆	m	—	—	(5.000)	(5.000)
	264500002	插头	个	(2.020)	(2.020)	(2.020)	(2.020)
	850103005	其他材料费	元	0.500	0.500	0.500	0.500
机械	870622039	钳形接地电阻测试仪	台班	0.250	0.250	0.250	0.250
	870613028	工业用真有效值万用表	台班	0.250	0.250	0.250	0.250

3. 中继连接电缆（带连接器）制作、安装

工作内容：量裁线缆、线缆与插头的安装焊接、测试等。 **计量单位：**条

编号				5-1-55	5-1-56	5-1-57	5-1-58
项目				中继连接电缆（芯）			
				3	6	9	15
名称			单位	消耗量			
人工	000203000	综合二类工	工日	0.250	0.300	0.350	0.450
材料	280008018	中继连接电缆	m	（5.100）	（5.100）	（5.100）	（5.100）
	553000001	中继（矩形连接器）	对	（1.010）	（1.010）	（1.010）	（1.010）
	292711007	连接插针（压接）	个	（6.060）	（12.120）	（18.180）	（30.300）
	292711006	连接插孔（压接）	个	（6.060）	（12.120）	（18.180）	（30.300）
	850103005	其他材料费	元	0.500	0.500	0.500	0.500
机械	870622039	钳形接地电阻测试仪	台班	0.250	0.250	0.250	0.250
	870613028	工业用真有效值万用表	台班	0.250	0.250	0.250	0.250

七、路由器、适配器、中继器设备安装、调试

工作内容：开箱检查、接线、接地、本体安装调试等。 **计量单位：**台

编号				5-1-59	5-1-60	5-1-61	5-1-62
项目				路由器			
				固定配置（口以里）		插槽式（槽）	
				4	8	≤4	>4
名称			单位	消耗量			
人工	000203000	综合二类工	工日	0.500	0.750	1.500	3.000
材料	280301006	铜芯塑料绝缘电线 BV-6mm^2	m	2.040	2.040	2.040	2.040
	290901004	铜端子 6mm^2	个	2.040	2.040	2.040	2.040
	850103005	其他材料费	元	2.000	2.500	4.000	5.000
机械	870199011	笔记本电脑	台班	0.400	0.800	1.200	2.500

工作内容：开箱检查、接线、接地、本体安装调试等。　　　　**计量单位：**台

编号				5-1-63	5-1-64
项目				适配器	中继器
名称			单位	消耗量	
人工	000203000	综合二类工	工日	0.625	1.000
材料	280301006	铜芯塑料绝缘电线 BV-6mm²	m	2.040	2.040
	290901004	铜端子 6mm²	个	2.040	2.040
	850103005	其他材料费	元	1.000	1.100
机械	870199011	笔记本电脑	台班	0.500	0.500

八、防火墙设备安装、调试

工作内容：开箱检查、接线、接地、本体安装调试等。　　　　**计量单位：**台

编号				5-1-65	5-1-66	5-1-67	5-1-68
项目				防火墙设备			
				包过滤防火墙	状态/动态防火墙	应用程序防火墙	NAT 防火墙
名称			单位	消耗量			
人工	000203000	综合二类工	工日	2.000	5.000	3.500	4.000
材料	280301006	铜芯塑料绝缘电线 BV-6mm²	m	2.040	2.040	2.040	2.040
	290901004	铜端子 6mm²	个	2.040	2.040	2.040	2.040
	850103005	其他材料费	元	1.300	1.300	1.300	1.300
机械	870199011	笔记本电脑	台班	1.000	3.000	2.000	2.500

工作内容：开箱检查、接线、接地、本体安装调试等。　　　　**计量单位：**台

编号				5-1-69	5-1-70
项目				防火墙设备	
				个人防火墙	网闸
名称			单位	消耗量	
人工	000203000	综合二类工	工日	1.500	1.500
材料	280301006	铜芯塑料绝缘电线 BV-6mm²	m	2.040	2.040
	290901004	铜端子 6mm²	个	2.040	2.040
	850103005	其他材料费	元	1.300	1.300
机械	870199011	笔记本电脑	台班	1.000	2.000

九、交换机设备安装、调试

工作内容：开箱检查、接线、接地、本体安装调试等。 计量单位：台

编号				5-1-71	5-1-72	5-1-73	5-1-74
项目				交换机			
				固定配置（口）		插槽式（槽）	
				≤24	>24	≤4	>4
名称			单位	消耗量			
人工	000203000	综合二类工	工日	1.500	2.500	2.850	4.500
材料	280301006	铜芯塑料绝缘电线 BV-6mm^2	m	2.040	2.040	2.040	2.040
	290901004	铜端子 6mm^2	个	2.040	2.040	2.040	2.040
	850103005	其他材料费	元	4.000	5.000	4.000	5.000
机械	870199011	笔记本电脑	台班	1.000	1.500	2.500	4.000

十、服务器、桌面终端安装、调试

工作内容：开箱检查、设备组装、接线、接地、本体调试等。 计量单位：台

编号				5-1-75	5-1-76	5-1-77
项目				桌面计算机	工作站/工作台	台式服务器
名称			单位	消耗量		
人工	000203000	综合二类工	工日	0.500	1.350	1.500
材料	280301006	铜芯塑料绝缘电线 BV-6mm^2	m	2.040	2.040	2.040
	290901004	铜端子 6mm^2	个	2.040	2.040	2.040
	850103005	其他材料费	元	3.500	4.500	5.000
机械	870622039	钳形接地电阻测试仪	台班	0.050	0.060	0.050

工作内容：开箱检查、设备组装、接线、接地、本体调试等。　　　　**计量单位：**台

编　号				5-1-78	5-1-79	5-1-80	5-1-81	5-1-82
项　目				插箱式服务器			刀片式服务器	
				1U	2U	4U	≤7片	>7片，每增加1片
名　称			单位	消　耗　量				
人工	000203000	综合二类工	工日	0.600	0.800	1.200	3.500	0.500
材料	280301006	铜芯塑料绝缘电线 BV-6mm^2	m	2.040	2.040	2.040	2.040	—
	290901004	铜端子 6mm^2	个	2.040	2.040	2.040	2.040	—
	850103005	其他材料费	元	3.500	4.500	5.000	5.000	1.000
机械	870622039	钳形接地电阻测试仪	台班	0.050	0.050	0.050	0.050	0.010

十一、网桥、调制解调器设备安装、调试

工作内容：开箱检查、设备组装、接线、接地、本体安装调试等。　　　　**计量单位：**台

编　号				5-1-83	5-1-84	5-1-85
项　目				网桥	调制解调器	
					有线	无线
名　称			单位	消　耗　量		
人工	000203000	综合二类工	工日	2.800	0.800	1.440
材料	280301006	铜芯塑料绝缘电线 BV-6mm^2	m	2.040	2.040	2.040
	290901004	铜端子 6mm^2	个	2.040	2.040	2.040
	850103005	其他材料费	元	1.100	1.100	1.100
机械	870199011	笔记本电脑	台班	0.500	0.500	0.500

十二、无线设备安装、调试

工作内容：开箱检查、接线、接地、本体安装调试等。　　　　**计量单位：**套

编号				5-1-86	5-1-87	5-1-88	5-1-89
项目				无线设备			
				室内		室外	
				定向	全向	定向	全向
名称			单位	消耗量			
人工	000203000	综合二类工	工日	0.200	0.300	0.400	0.600
材料	850103005	其他材料费	元	0.500	0.500	0.500	0.500
机械	870199011	笔记本电脑	台班	0.500	0.500	0.500	0.500

工作内容：开箱检查、接线、接地、本体安装调试等。　　　　**计量单位：**套

编号				5-1-90	5-1-91	5-1-92
项目				无线控制器（用户以内）		
				100	250	500
名称			单位	消耗量		
人工	000203000	综合二类工	工日	2.000	5.000	8.000
材料	280301006	铜芯塑料绝缘电线 BV-6mm^2	m	2.040	2.040	2.040
	290901004	铜端子 6mm^2	个	2.040	2.040	2.040
	850103005	其他材料费	元	0.500	0.500	0.500
机械	870199011	笔记本电脑	台班	1.000	3.000	5.000
	870622039	钳形接地电阻测试仪	台班	0.050	0.050	0.050

十三、系统软件安装、调试

工作内容：1. 检查、软件安装、配置、系统联调、完成测试记录报告等。
2. 装调技术准备、线缆正确性检查确认、接口正确性检查确认。　　**计量单位：**套

编　号				5-1-93	5-1-94	5-1-95
项　目				服务器系统软件（用户）		
				≤ 100	≤ 300	＞ 300
名　称			单位	消　耗　量		
人工	000203000	综合二类工	工日	2.000	4.000	8.000
材料	850103005	其他材料费	元	4.500	4.500	4.500
机械	870199013	宽行打印机	台班	0.100	0.150	0.150
	870199011	笔记本电脑	台班	2.000	4.000	8.000

工作内容：1. 检查、软件安装、配置、系统联调、完成测试记录报告等。
2. 装调技术准备、线缆正确性检查确认、接口正确性检查确认。　　**计量单位：**套

编　号				5-1-96	5-1-97	5-1-98
项　目				服务器操作系统软件		
				单核	双核	四核
名　称			单位	消　耗　量		
人工	000203000	综合二类工	工日	0.500	0.700	1.100
材料	850103005	其他材料费	元	1.500	1.500	1.500
机械	870199013	宽行打印机	台班	0.100	0.100	0.100
	870199011	笔记本电脑	台班	0.500	0.700	1.100

工作内容：1. 检查、软件安装、配置、系统联调、完成测试记录报告等。
2. 装调技术准备、线缆正确性检查确认、接口正确性检查确认。　　**计量单位：**套

编　号				5-1-99	5-1-100	5-1-101
项　目				网络及网络管理软件（设备）		
				≤ 100	≤ 300	＞ 300
名　称			单位	消　耗　量		
人工	000203000	综合二类工	工日	10.000	13.000	15.000
材料	850103005	其他材料费	元	5.000	5.000	5.000
机械	870613028	工业用真有效值万用表	台班	2.000	2.500	4.000
	873138007	网络分析仪	台班	1.500	2.500	4.000
	870199013	宽行打印机	台班	0.100	0.150	0.150
	870199011	笔记本电脑	台班	10.000	13.000	15.000

十四、数据库软件安装、调试

工作内容：数据库软件安装配置、系统联调，完成测试记录报告等。 **计量单位：**套

编号				5-1-102	5-1-103
项目				数据库软件	
				视窗系统数据库	多用户系统数据库
名称			单位	消耗量	
人工	000203000	综合二类工	工日	3.000	5.000
材料	850103005	其他材料费	元	4.500	5.000
机械	870199013	宽行打印机	台班	0.100	0.150
	870199011	笔记本电脑	台班	3.000	5.000

十五、其他软件

工作内容：装调技术准备、软件安装部署、功能验证。 **计量单位：**套

编号				5-1-104	5-1-105	5-1-106
项目				办公软件	工具软件	工作站软件
名称			单位	消耗量		
人工	000203000	综合二类工	工日	1.000	1.350	3.500
机械	870199011	笔记本电脑	台班	1.000	3.000	3.500

十六、计算机及网络系统联调

工作内容：系统互联、调试、软件功能、技术参数的设置、完成自检测试报告等。 **计量单位：**系统

编号				5-1-107	5-1-108	5-1-109
项目				计算机及网络系统联调（个信息点）		
				≤100	≤300	>300，每增加30
名称			单位	消耗量		
人工	000303000	综合三类工	工日	24.000	60.600	3.000
材料	850103005	其他材料费	元	4.500	5.000	—
机械	873150102	对讲机（一对）	台班	9.000	21.000	—
	870199011	笔记本电脑	台班	18.000	43.000	5.000
	870613028	工业用真有效值万用表	台班	3.000	7.000	—
	873138007	网络分析仪	台班	10.000	24.000	2.000

十七、计算机及网络系统试运行

工作内容：系统调试调优、软件功能/技术参数的设置、完成试运行测试报告等。　　**计量单位：**系统

编　号				5-1-110	5-1-111
项　目				计算机及网络系统试运行（个信息点）	
				≤ 100	> 100
名　称			单位	消　耗　量	
人工	000303000	综合三类工	工日	18.000	43.200
材料	850103005	其他材料费	元	4.500	5.000
机械	870199013	宽行打印机	台班	1.000	2.000
	873150102	对讲机（一对）	台班	5.000	5.000
	870199011	笔记本电脑	台班	5.000	5.000
	873138007	网络分析仪	台班	2.000	5.000
	870613028	工业用真有效值万用表	台班	5.000	5.000

十八、补 充 项 目

1. 输出设备安装、调试

工作内容：开箱检查、划线、定位、设备组装、接线、接地、本体安装调试等。　　**计量单位：**台

编　号				5-1-112
项　目				液晶监视器
				吊装
名　称			单位	消　耗　量
人工	000203000	综合二类工	工日	0.300
材料	850103005	其他材料费	元	7.132
机械	990422010	手动液压叉车	台班	0.100
	870199011	笔记本电脑	台班	0.250
	990512010	平台作业升降车 9m	台班	0.200
	870613028	工业用真有效值万用表	台班	0.100

2. 控制设备安装、调试

工作内容： 开箱检查、划线、定位、设备组装、接线、接地、本体安装调试等。 **计量单位：** 台

<table>
<tr><td colspan="4">编 号</td><td>5-1-113</td><td>5-1-114</td><td>5-1-115</td></tr>
<tr><td colspan="4" rowspan="3">项 目</td><td colspan="3">A/D、D/A</td></tr>
<tr><td colspan="3">转换设备安装、调试</td></tr>
<tr><td>16/32 路、32 位</td><td>32/48 路、32 位</td><td>128/256 路、32/64 位</td></tr>
<tr><td colspan="3">名 称</td><td>单位</td><td colspan="3">消 耗 量</td></tr>
<tr><td>人工</td><td>000203000</td><td>综合二类工</td><td>工日</td><td>2.500</td><td>3.000</td><td>6.000</td></tr>
<tr><td rowspan="3">材料</td><td>280301006</td><td>铜芯塑料绝缘电线 BV-6mm²</td><td>m</td><td>2.040</td><td>2.040</td><td>2.040</td></tr>
<tr><td>290901004</td><td>铜端子 6mm²</td><td>个</td><td>2.040</td><td>2.040</td><td>2.040</td></tr>
<tr><td>850103005</td><td>其他材料费</td><td>元</td><td>2.980</td><td>2.980</td><td>2.980</td></tr>
<tr><td rowspan="3">机械</td><td>870199011</td><td>笔记本电脑</td><td>台班</td><td>2.000</td><td>3.000</td><td>4.500</td></tr>
<tr><td>873148008</td><td>数字示波器</td><td>台班</td><td>1.500</td><td>1.500</td><td>3.000</td></tr>
<tr><td>873136056</td><td>时间间隔测量仪</td><td>台班</td><td>2.000</td><td>3.000</td><td>4.500</td></tr>
</table>

工作内容： 开箱检查、划线、定位、设备组装、接线、接地、本体安装调试等。 **计量单位：** 台

<table>
<tr><td colspan="4">编 号</td><td>5-1-116</td></tr>
<tr><td colspan="4" rowspan="2">项 目</td><td>KVM 切换器安装调试（端口）</td></tr>
<tr><td>＞32</td></tr>
<tr><td colspan="3">名 称</td><td>单位</td><td>消 耗 量</td></tr>
<tr><td>人工</td><td>000203000</td><td>综合二类工</td><td>工日</td><td>3.000</td></tr>
<tr><td rowspan="3">材料</td><td>280301006</td><td>铜芯塑料绝缘电线 BV-6mm²</td><td>m</td><td>2.040</td></tr>
<tr><td>290901004</td><td>铜端子 6mm²</td><td>个</td><td>2.040</td></tr>
<tr><td>850103005</td><td>其他材料费</td><td>元</td><td>7.880</td></tr>
<tr><td>机械</td><td>870613028</td><td>工业用真有效值万用表</td><td>台班</td><td>0.800</td></tr>
</table>

3. 存储设备安装、调试

工作内容： 开箱检查、接线、接地、本体安装调试、软件安装、完成测试记录报告等。 **计量单位：** 台

<table>
<tr><td colspan="4">编 号</td><td>5-1-117</td><td>5-1-118</td></tr>
<tr><td colspan="4" rowspan="3">项 目</td><td colspan="2">数字硬盘录像机安装、调试</td></tr>
<tr><td>带环路</td><td>不带环路</td></tr>
<tr><td>＞16</td><td>≤16</td></tr>
<tr><td colspan="3">名 称</td><td>单位</td><td colspan="2">消 耗 量</td></tr>
<tr><td>人工</td><td>000203000</td><td>综合二类工</td><td>工日</td><td>6.000</td><td>2.000</td></tr>
<tr><td>材料</td><td>280301006</td><td>铜芯塑料绝缘电线 BV-6mm²</td><td>m</td><td>2.040</td><td>2.040</td></tr>
</table>

续前

编号				5-1-117	5-1-118
项目				数字硬盘录像机安装、调试	
				带环路	不带环路
				> 16	≤ 16
名称			单位	消耗量	
材料	290901004	铜端子 $6mm^2$	个	2.040	2.040
	850103005	其他材料费	元	3.700	3.700
机械	870613028	工业用真有效值万用表	台班	0.050	0.050
	870199011	笔记本电脑	台班	3.500	1.500

4. 成套电话组线箱安装

工作内容： 组线箱安装、接地等。 **计量单位：** 台

编号				5-1-119	5-1-120	5-1-121
项目				明装成套电话组线箱（对以内）		
				50	100	200
名称			单位	消耗量		
人工	000203000	综合二类工	工日	0.760	0.950	1.050
材料	030107015	膨胀螺栓 M10	套	4.080	4.080	4.080
	130115001	调和漆	kg	0.300	0.400	0.500
	130505001	防锈漆	kg	0.010	0.010	0.010
	012101004	角钢 63 以外	kg	0.200	0.200	0.200

工作内容： 组线箱安装、接地等。 **计量单位：** 台

编号				5-1-122	5-1-123	5-1-124
项目				暗装成套电话组线箱（对以内）		
				50	100	200
名称			单位	消耗量		
人工	000203000	综合二类工	工日	0.830	1.030	1.230
材料	130505001	防锈漆	kg	0.010	0.010	0.020
	012101004	角钢 63 以外	kg	0.200	—	—
	031301013	电焊条 L60（综合）	kg	0.040	0.050	0.060
	040300004	砂子	kg	3.200	4.800	6.400
	040100003	水泥 32.5	kg	1.200	1.800	2.400
	011303003	镀锌扁钢 25 × 4	kg	0.250	0.350	0.450
机械	990901010	交流弧焊机 21kV · A	台班	0.020	0.020	0.020

5. 交换机设备安装、调试

工作内容：开箱检查、接线、接地、本体安装调试等。 **计量单位：**台

编 号				5-1-125	5-1-126
项 目				核心交换机（口）	
				≤24	>24
名 称			单位	消 耗 量	
人工	000203000	综合二类工	工日	4.500	7.500
材料	280301006	铜芯塑料绝缘电线 BV-6mm^2	m	2.040	2.040
	290901004	铜端子 6mm^2	个	2.040	2.040
	850103005	其他材料费	元	4.000	5.000
机械	870199011	笔记本电脑	台班	1.500	2.250

工作内容：程控交换机的硬件及软件安装、调试与开通。 **计量单位：**部

编 号				5-1-127	5-1-128	5-1-129	5-1-130	5-1-131
项 目				程控交换机安装、调试				
				用户线（户）				
				≤300	≤500	≤1000	≤2000	>2000，每增 1000
名 称			单位	消 耗 量				
人工	000203000	综合二类工	工日	35.000	46.500	74.000	89.000	40.000
材料	340519002	色带	根	2.000	2.000	2.000	2.000	0.500
	340501003	打印纸 132 行（381-1）	包	0.200	0.300	0.500	0.800	0.500
	022701003	棉纱头	kg	0.100	0.100	0.100	0.200	0.100
机械	870613023	手持式万用表	台班	6.000	8.000	12.000	16.000	12.000
	873148002	示波器	台班	6.000	8.000	12.000	16.000	12.000
	873150009	PCM 呼叫分析仪	台班	6.000	8.000	12.000	16.000	12.000
	873150010	PCM 通道测试仪	台班	6.000	8.000	12.000	16.000	12.000

6. 服务器、桌面终端安装、调试

工作内容：开箱检查、设备组装、接线、接地、本体安装调试等。　　**计量单位：**台

编　号				5-1-132	5-1-133	5-1-134
项　目				台式服务器安装、调试		
				工作组级	部门级	企业级
名　称			单位	消　耗　量		
人工	000203000	综合二类工	工日	0.975	1.300	2.275
材料	280301006	铜芯塑料绝缘电线 BV-6mm^2	m	2.040	2.040	2.040
	290901004	铜端子 6mm^2	个	2.040	2.040	2.040
	850103005	其他材料费	元	7.880	7.880	7.880
机械	870622039	钳形接地电阻测试仪	台班	0.050	0.050	0.050

7. 系统软件安装、调试

工作内容：开箱检查、接线、接地、本体安装调试、软件安装、完成测试记录报告等。　　**计量单位：**见表

编　号				5-1-135	5-1-136	5-1-137	5-1-138
项　目				网络系统软件			
				系统服务器软件（用户）			
				≤ 25	≤ 50	≤ 100	＞100，每增加 10
单位				台	套		
名　称			单位	消　耗　量			
人工	000203000	综合二类工	工日	8.000	16.000	32.000	5.000
材料	850103005	其他材料费	元	13.390	21.146	34.780	2.376
机械	870199011	笔记本电脑	台班	0.300	0.300	0.300	0.150
	870199013	宽行打印机	台班	0.100	0.150	0.200	0.010

第二章

综合布线系统工程

说 明

一、本章内容包括机柜机架安装、分线接线箱（盒）安装、电视插座安装、大对数线缆穿放布放、双绞线缆穿放布放、光缆穿放布放、跳线制作卡接、配线架安装、跳线架安装、信息插座安装、光纤连接、光缆终端盒安装、尾纤布放、线管理器安装、测试。

二、安装过线（路）盒，包括在线槽上和管路上两种类型均执行“分线接线箱（盒）安装”项目。

三、本章所涉及双绞线缆的敷设及配线架、跳线架等的安装、打接等消耗量，是按超五类非屏蔽布线系统编制的，高于超五类的布线工程所用项目人工费乘以系数 1.10，屏蔽系统人工费乘以系数 1.20。

四、在已建天棚内敷设线缆天棚需拆装时，所用项目人工费乘以系数 1.50。

工程量计算规则

一、机柜、机架、抗震底座安装应按图示数量，分别以“台”为计量单位。

二、双绞线缆、光缆、同轴电缆敷设、穿放、明布放，应按设计图示线缆长度，分别以“m”为计量单位。电缆敷设按单根延长米计算，如一个架上敷设3根各长100m的电缆，应按300m计算，依次类推。电缆附加及预留的长度是电缆敷设长度的组成部分，应计入电缆长度工程量之内。

三、制作跳线应按图示数量，以“条”为计量单位，卡接双绞线缆应按图示数量，以“对”为计量单位，跳线架、配线架安装应按图示数量，以“架”为计量单位。

四、安装各类信息插座、过线（路）盒、信息插座底盒（接线盒）、光缆终端盒和跳块打接应按图示数量，分别以“个”为计量单位。

五、双绞线缆、光缆测试应按图示数量，分别以“链路”为计量单位。

六、光纤连接应按图示数量，以“芯”（磨制法以“端口”）为计量单位。

七、布放尾纤应按图示数量，以“条”为计量单位。

一、机柜、机架安装

工作内容：开箱检查、划线、定位、设备组装、接线、接地、本体安装等。　　**计量单位：**台

编号				5-2-1	5-2-2	5-2-3	5-2-4
项目				机柜、机架		机柜通风散热装置	抗震底座
				落地式	墙挂式（600×600）		
名称			单位	消耗量			
人工	000203000	综合二类工	工日	1.425	0.618	0.238	0.950
材料	234113002	机柜（机架）	个	（1.000）	（1.000）	—	—
	500101001	机柜通风散热装置	个	—	—	（1.000）	—
	350327002	抗震底座	个	—	—	—	（1.000）
	280301006	铜芯塑料绝缘电线 BV-6mm²	m	—	—	2.040	—
	280301009	铜芯塑料绝缘电线 BV-16mm²	m	2.020	3.030	—	—
	290901004	铜端子 6mm²	个	—	—	2.040	—
	290901006	铜端子 16mm²	个	2.020	2.020	—	—
	850103005	其他材料费	元	5.000	5.000	0.270	5.000
机械	990422010	手动液压叉车	台班	0.285	0.124	—	0.190
	870622039	钳形接地电阻测试仪	台班	0.010	0.010	0.010	—

二、分线接线箱（盒）安装

工作内容：定位划线、开孔、安装盒体、连接处密封、做标记。　　**计量单位：**个

编号				5-2-5	5-2-6	5-2-7	5-2-8
项目				安装接线箱（半周长 mm）		安装过线（路）盒（半周长 mm）	
				≤700	＞700	≤200	＞200
名称			单位	消耗量			
人工	000203000	综合二类工	工日	0.342	0.494	0.038	0.124
材料	291115005	接线箱（综合）	个	（1.000）	（1.000）	—	—
	291110006	过线（路）盒	个	—	—	（1.020）	（1.020）

续前

编号				5-2-5	5-2-6	5-2-7	5-2-8
项目				安装接线箱（半周长 mm）		安装过线（路）盒（半周长 mm）	
				≤ 700	> 700	≤ 200	> 200
名称			单位	消耗量			
材料	280301009	铜芯塑料绝缘电线 BV-16mm^2	m	3.060	3.060	—	—
	290901006	铜端子 16mm^2	个	2.020	2.020	—	—
	850103005	其他材料费	元	3.010	3.240	—	—
机械	870622039	钳形接地电阻测试仪	台班	0.250	0.250	—	—

三、电视插座安装

工作内容：固定线缆，接线，安装固定面板。 **计量单位：**个

编号				5-2-9	5-2-10
项目				电视插座	
				明装	暗装
名称			单位	消耗量	
人工	000203000	综合二类工	工日	0.076	0.048
材料	264100002	插座	个	（1.010）	（1.010）
	850103005	其他材料费	元	0.270	0.270

四、大对数线缆穿放、布放

工作内容：检查、抽测电缆、清理管道、制作穿线端头（钩）、穿放电缆、封堵出口等。 **计量单位：**m

编号				5-2-11	5-2-12	5-2-13	5-2-14
项目				管内穿放（对以内）			
				25	50	100	200
名称			单位	消耗量			
人工	000203000	综合二类工	工日	0.012	0.017	0.024	0.034
材料	280008005	大对数电缆	m	（1.020）	（1.020）	（1.020）	（1.020）
	850103005	其他材料费	元	0.060	0.090	0.110	0.140
机械	870613028	工业用真有效值万用表	台班	0.002	0.004	0.008	0.016
	873150102	对讲机（一对）	台班	0.007	0.010	0.015	0.020

工作内容：检查、抽测电缆、清理管道、制作穿线端头（钩）、穿放电缆、封堵出口等。 计量单位：m

编号				5-2-15	5-2-16	5-2-17	5-2-18
项目				线槽、桥架内布放（对以内）			
				25	50	100	200
名称			单位	消耗量			
人工	000203000	综合二类工	工日	0.019	0.023	0.030	0.038
材料	280008005	大对数电缆	m	（1.020）	（1.020）	（1.020）	（1.020）
	850103005	其他材料费	元	0.060	0.090	0.110	0.140
机械	870613028	工业用真有效值万用表	台班	0.002	0.004	0.008	0.016
	873150102	对讲机（一对）	台班	0.007	0.010	0.015	0.020

五、双绞线缆穿放、布放

工作内容：检查、抽测电缆、清理管道/线槽/桥架、布放、绑扎电缆、标记电缆、槽盒盖扣、封堵出口等。

计量单位：m

编号				5-2-19	5-2-20	5-2-21
项目				管内穿放	线槽内布放	桥架内布放
				≤4对		
名称			单位	消耗量		
人工	000203000	综合二类工	工日	0.010	0.013	0.013
材料	282705002	双绞线缆	m	（1.050）	（1.050）	（1.050）
	850103005	其他材料费	元	0.040	0.040	0.040
机械	870613028	工业用真有效值万用表	台班	0.001	0.001	0.001
	873150102	对讲机（一对）	台班	0.005	0.005	0.005

六、光缆穿放、布放

工作内容：检查光缆、清理管道、制作穿线端头（钩）、穿放引线、穿放光缆、出口衬垫、封堵出口等。

计量单位：m

编号				5-2-22	5-2-23	5-2-24	5-2-25
项目				管内穿放（芯以内）			
				12	36	72	144
名称			单位	消耗量			
人工	000203000	综合二类工	工日	0.011	0.019	0.026	0.033
材料	280015002	光缆	m	（1.020）	（1.020）	（1.020）	（1.020）
	850103005	其他材料费	元	0.020	0.020	0.020	0.020
机械	873150102	对讲机（一对）	台班	0.005	0.008	0.010	0.010

工作内容： 检查光缆、清理管道、制作穿线端头（钩）、穿放引线、穿放光缆、出口衬垫、封堵出口等。

计量单位： m

编号				5-2-26	5-2-27	5-2-28	5-2-29
项目				线槽内布放（芯以内）			
				12	36	72	144
名称			单位	消耗量			
人工	000203000	综合二类工	工日	0.018	0.023	0.025	0.030
材料	280015002	光缆	m	（1.020）	（1.020）	（1.020）	（1.020）
	850103005	其他材料费	元	0.200	0.200	0.200	0.200
机械	873150102	对讲机（一对）	台班	0.003	0.005	0.005	0.005

工作内容： 检查光缆、清理管道、制作穿线端头（钩）、穿放引线、穿放光缆、出口衬垫、封堵出口等。

计量单位： m

编号				5-2-30	5-2-31	5-2-32	5-2-33
项目				桥架内布放（芯以内）			
				12	36	72	144
名称			单位	消耗量			
人工	000203000	综合二类工	工日	0.015	0.020	0.022	0.027
材料	280015002	光缆	m	（1.020）	（1.020）	（1.020）	（1.020）
	850103005	其他材料费	元	0.200	0.200	0.200	0.200
机械	873150102	对讲机（一对）	台班	0.003	0.005	0.005	0.005

七、跳线制作、卡接

工作内容： 1. 制作跳线：量裁线缆、线缆与跳线连接器的安装卡接、检查测试等。
2. 卡接双绞线缆：编扎固定线缆、卡线、核对线序、安装固定接线模块（跳线盘）等。

计量单位： 条

编号				5-2-34	5-2-35	5-2-36
项目				制作卡接跳线	安装双绞线跳线	跳线卡接
				条		对
名称			单位	消耗量		
人工	000203000	综合二类工	工日	0.076	0.010	0.015
材料	282705002	双绞线缆	m	（1.050）	—	—
	303305001	跳线连接器	个	（2.020）	—	—
	284305002	跳线	条	—	（1.000）	—
	850103005	其他材料费	元	—	0.400	—
机械	873138001	网络测试仪	台班	0.040	—	—

工作内容： 1. 制作跳线：量裁线缆、线缆与跳线连接器的安装卡接、检查测试等；
2. 卡接双绞线缆：编扎固定线缆、卡线、核对线序、安装固定接线模块（跳线盘）等。

计量单位： 见表

编号				5-2-37	5-2-38
项目				安装光纤跳线	RJ45 接头/RJ11 接头
单位				条	个
名称			单位	消耗量	
人工	000203000	综合二类工	工日	0.095	0.057
材料	284305002	跳线	条	（1.000）	—
	264500002	插头	个	—	（1.010）
	850103005	其他材料费	元	0.400	0.140
机械	873138001	网络测试仪	台班	—	0.010

八、配线架安装

工作内容： 安装配线架、卡接双绞线缆、编扎固定双绞线缆、核对线序、安装电子配线架附件等。

计量单位： 架

编号				5-2-39	5-2-40	5-2-41	5-2-42	5-2-43	5-2-44
项目				配线架（口以内）				电子配线架（口）	
				12	24	48	96	≤ 24	> 24
名称			单位	消耗量					
人工	000203000	综合二类工	工日	0.760	1.710	3.420	7.410	1.900	3.800
材料	340515001	标签纸（综合）	m	0.075	0.075	0.150	0.300	—	—
	020907001	清洁布 250 × 250	块	—	—	—	—	5.100	9.800
	143303001	酒精	kg	—	—	—	—	0.030	0.055
	850103005	其他材料费	元	1.120	1.890	2.660	4.530	1.530	2.660
机械	873174017	线号打印机	台班	0.500	1.200	3.000	6.500	—	—

九、跳线架安装

工作内容：安装跳线架、编扎固定双绞线缆、卡线、核对线序等。 **计量单位：**架

编号				5-2-45	5-2-46	5-2-47	5-2-48
项目				安装跳线架打接（对以内）			
				50	100	200	400
名称			单位	消耗量			
人工	000203000	综合二类工	工日	0.760	1.425	2.850	5.700
材料	340515001	标签纸（综合）	m	0.075	0.150	0.300	0.600
	850103005	其他材料费	元	0.890	1.300	2.000	2.660

十、信息插座安装

工作内容：定位、划线、开孔、安装盒体、连接处处理。 **计量单位：**个

编号				5-2-49	5-2-50	5-2-51	5-2-52	5-2-53
项目				安装底盒（接线盒）				
				明装	砖墙内	混凝土墙内	木地板内	金属地板内
名称			单位	消耗量				
人工	000203000	综合二类工	工日	0.030	0.074	0.099	0.064	0.128
材料	291110008	接线盒（综合）	个	（1.010）	（1.010）	（1.010）	（1.010）	（1.010）
	850103005	其他材料费	元	0.760	0.760	0.760	0.760	0.760

工作内容：定位、划线、开孔、安装盒体、连接处处理。 **计量单位：**个

编号				5-2-54	5-2-55	5-2-56	5-2-57	5-2-58	5-2-59
项目				安装 8 位模块式信息插座			光纤信息插座		安装光纤连接盘
				单口	双口	四口	单口	双口	
名称			单位	消耗量					
人工	000203000	综合二类工	工日	0.046	0.069	0.114	0.023	0.030	0.494
材料	264100002	插座	个	（1.010）	（1.010）	（1.010）	（1.010）	（1.010）	—
	303307002	光纤连接盘	个	—	—	—	—	—	（1.010）
	850103005	其他材料费	元	0.200	0.200	0.200	0.150	0.780	—

十一、光纤连接

工作内容：端面处理、纤芯连接、测试、包封护套、盘绕、固定光纤等。 **计量单位：**芯

编号				5-2-60	5-2-61	5-2-62	5-2-63	5-2-64	5-2-65
项目				光纤连接					
				机械法		熔接法		磨制法	
				单模	多模	单模	多模	单模	多模
名称			单位	消耗量					
人工	000203000	综合二类工	工日	0.323	0.284	0.143	0.129	0.428	0.332
材料	303303002	光纤连接器材	套	（1.010）	（1.010）	（1.010）	（1.010）	—	—
	303303003	磨制光纤连接器材	套	—	—	—	—	（1.050）	（1.050）
	850103005	其他材料费	元	1.280	1.280	1.280	1.280	1.280	1.280
机械	871122026	光纤熔接机	台班	—	—	0.100	0.100	—	—
	871122001	光纤测试仪	台班	0.010	0.010	—	—	0.010	0.010

十二、光缆终端盒安装

工作内容：安装光纤盒、安装连接藕合器、光纤的盘留固定、尾纤端头联接等。 **计量单位：**个

编号				5-2-66	5-2-67	5-2-68	5-2-69	5-2-70	5-2-71
项目				安装光缆终端盒（芯以内）					
				12	24	48	72	96	144
名称			单位	消耗量					
人工	000203000	综合二类工	工日	0.475	0.532	0.912	1.368	1.824	2.375
材料	291113001	光缆终端盒	个	（1.020）	（1.020）	（1.020）	（1.020）	（1.020）	（1.020）
	850103005	其他材料费	元	2.220	2.220	2.220	2.240	2.240	2.240
机械	871122010	手持光损耗测试仪	台班	0.200	0.224	0.384	0.576	0.768	0.960

十三、尾 纤 布 放

工作内容：测试衰耗、固定光纤连接器、盘留固定。 **计量单位：**条

编 号				5-2-72	5-2-73	5-2-74
项 目				终端盒至光纤配线架	光纤配线架至设备	光纤配线架架内跳线
名 称			单位	消 耗 量		
人工	000203000	综合二类工	工日	0.190	0.095	0.143
材料	302727002	尾纤 10m 双头	根	（1.020）	（1.020）	（1.020）
	850103005	其他材料费	元	0.090	0.090	0.090
机械	871122010	手持光损耗测试仪	台班	0.050	0.100	0.050

十四、线管理器安装

工作内容：本体安装、编扎固定线缆等。 **计量单位：**个

编 号				5-2-75	5-2-76
项 目				线管理器	
				1U	2U
名 称			单位	消 耗 量	
人工	000203000	综合二类工	工日	0.095	0.285
材料	302705001	线管理器	个	（1.010）	（1.010）
	030105061	六角螺栓带螺母（综合）	套	0.041	0.082
	030113017	镀锌垫圈 M10	个	0.816	1.632
	850103005	其他材料费	元	1.470	2.410

十五、测　　试

工作内容：测试、记录、完成测试报告。　　　　**计量单位：**见表

编　　号				5-2-77	5-2-78	5-2-79
项　　目				4 对双绞线缆	光纤	大对数线缆
单位				链路		对
名　　称			单位	消　耗　量		
人工	000303000	综合三类工	工日	0.029	0.048	0.010
材料	850103005	其他材料费	元	0.090	0.090	—
机械	873138001	网络测试仪	台班	0.030	—	0.010
	873150102	对讲机（一对）	台班	0.030	0.050	0.030
	870199013	宽行打印机	台班	0.010	0.010	0.010
	870199011	笔记本电脑	台班	0.010	—	0.010
	871122001	光纤测试仪	台班	—	0.030	—

第三章

建筑设备自动化系统工程

说 明

一、本章内容包括建筑设备自动化系统工程。其中包括能耗检测系统、建筑设备监控系统。

二、本章不包括设备的支架、支座制作，其制作应执行第四册《电气设备与线缆安装工程》第四章相应项目。

三、本系统中用到的服务器、网络设备、工作站、软件等安装项目执行本册第一章相应项目；跳线制作、跳线安装、箱体安装等项目执行本册第二章相应项目。

工程量计算规则

一、基表及控制设备、第三方设备通信接口安装、系统安装、调试应按设计图示数量，分别以“个”为计量单位。

二、中心管理系统调试、控制网络通信设备安装、控制器安装、流量计安装、调试应按设计图示数量，分别以“台”为计量单位。

三、建筑设备监控系统中央管理系统安装、调试应按设计图示数量，分别以“系统”为计量单位。

四、温、湿度传感器、压力传感器、电量变送器和其他传感器及变送器应按设计图示数量，分别以“支”为计量单位。

五、阀门及电动执行机构安装、调试应按设计图示数量，分别以“个”为计量单位。

六、系统调试、系统试运行，以“系统”为计量单位。

一、建筑设备监控系统安装、调试

1. 中央管理系统安装、调试

工作内容：软件安装，点位建立，组态编程，功能测试。　　　　**计量单位：**系统

编　号				5-3-1	5-3-2	5-3-3	5-3-4	5-3-5	5-3-6
项　目				中央管理系统安装、调试（点以内）					
				500	1000	2000	3500	5000	＞5000，每增500
名　称			单位	消　耗　量					
人工	000203000	综合二类工	工日	30.000	50.000	80.000	150.000	220.000	20.000
材料	340501002	打印纸 132-1	箱	0.400	0.800	1.500	2.500	3.200	0.300
	850103005	其他材料费	元	2.200	3.000	3.500	4.000	4.500	2.200
机械	870199013	宽行打印机	台班	5.000	10.000	20.000	40.000	80.000	15.000
	870199011	笔记本电脑	台班	20.000	47.000	107.000	240.000	500.000	70.000

2. 通信网络控制设备安装、调试

工作内容：设备开箱检验、就位安装、连接、软件功能检测、单体测试。　　　　**计量单位：**个

编　号				5-3-7	5-3-8	5-3-9	5-3-10
项　目				终端电阻	干线连接器	干线隔离/扩充器	通信接口卡
名　称			单位	消　耗　量			
人工	000203000	综合二类工	工日	0.070	0.350	0.420	0.420
材料	850103005	其他材料费	元	0.910	1.800	1.820	0.910
机械	870613028	工业用真有效值万用表	台班	0.040	0.050	0.050	—
	870199011	笔记本电脑	台班	—	—	—	0.300

3. 控制器安装、调试

工作内容： 设备开箱检验、固定安装、连接接线。 **计量单位：** 台

编号				5-3-11	5-3-12	5-3-13	5-3-14
项目				控制器安装及接线（点以内）			
				24	40	60	＞60，每增加20
名称			单位	消耗量			
人工	000203000	综合二类工	工日	0.840	1.050	1.400	0.700
材料	290901002	冷压端子 ϕ6 孔	个	72.000	120.000	180.000	60.000
	021301001	尼龙扎带（综合）	根	48.000	80.000	120.000	40.000
	341304002	标志牌	个	120.000	120.000	180.000	30.000
	850103005	其他材料费	元	2.500	3.400	5.000	2.000
机械	990422010	手动液压叉车	台班	0.240	0.300	0.400	—
	870613028	工业用真有效值万用表	台班	0.400	0.600	1.000	0.300
	873150102	对讲机（一对）	台班	0.300	0.400	0.500	0.250

工作内容： 软件功能检测、单体调试。 **计量单位：** 台

编号				5-3-15	5-3-16	5-3-17	5-3-18
项目				控制器设置、调试（点以内）			
				24	40	60	＞60，每增加20
名称			单位	消耗量			
人工	000203000	综合二类工	工日	4.200	5.600	7.000	3.500
材料	850103005	其他材料费	元	3.000	3.000	3.000	1.200
机械	870613028	工业用真有效值万用表	台班	1.000	1.500	2.000	1.000
	870199011	笔记本电脑	台班	4.000	6.000	8.000	3.500
	873150102	对讲机（一对）	台班	3.000	4.000	5.000	2.000

工作内容： 1. 设备开箱检验、固定安装、连接接线。
2. 软件功能检测、单体调试。

计量单位：台

编　号				5-3-19	5-3-20	5-3-21	5-3-22
项　目				远端模块（点以下）		定风量控制器	压差控制器
				12	24		
名　称			单位	消　耗　量			
人工	000203000	综合二类工	工日	2.800	4.200	0.700	0.560
材料	290901002	冷压端子 $\phi6$ 孔	个	36.000	72.000	10.000	5.000
	182505001	U 型卡子	个	10.000	20.000	20.000	15.000
	850103005	其他材料费	元	2.820	3.040	4.310	3.500
机械	873148008	数字示波器	台班	—	—	0.150	0.150
	870613028	工业用真有效值万用表	台班	1.000	1.500	0.200	0.200
	870199011	笔记本电脑	台班	2.000	3.000	0.350	0.300
	873150102	对讲机（一对）	台班	2.000	3.000	—	—

工作内容： 1. 设备开箱检验、固定安装、连接接线。
2. 软件功能检测、单体调试。

计量单位：台

编　号				5-3-23	5-3-24	5-3-25	5-3-26
项　目				温度/湿度控制器	变风量控制器	气动输出模块	风机盘管温控器
名　称			单位	消　耗　量			
人工	000203000	综合二类工	工日	0.245	0.560	0.140	0.245
材料	182505001	U 型卡子	个	15.000	20.000	5.000	—
	290901002	冷压端子 $\phi6$ 孔	个	6.000	10.000	4.000	5.000
	850103005	其他材料费	元	3.870	5.000	3.810	3.810
机械	870199011	笔记本电脑	台班	—	0.250	—	—
	870110001	数字温度计	台班	0.100	—	—	0.050
	870613028	工业用真有效值万用表	台班	0.050	0.200	0.050	0.050
	873148008	数字示波器	台班	0.100	0.100	—	0.100

工作内容： 1. 设备开箱检验、固定安装、连接接线。
2. 软件功能检测、单体调试。

计量单位： 台

编号				5-3-27	5-3-28	5-3-29	5-3-30
项目				联网型风机盘管温控器	房间空气压力控制器		手操器
					电子输出	气动输出	
名称			单位	消耗量			
人工	000203000	综合二类工	工日	0.350	0.910	0.980	0.084
材料	290901002	冷压端子 $\phi 6$ 孔	个	5.000	5.000	5.000	5.000
	850103005	其他材料费	元	4.250	4.250	4.250	3.030
机械	870110001	数字温度计	台班	0.100	—	—	—
	870613028	工业用真有效值万用表	台班	0.050	0.100	0.100	—
	873148008	数字示波器	台班	0.100	0.130	—	—

4. 第三方通信设备接口安装、调试

工作内容： 设备开箱检验、固定安装、连接、通电测试。

计量单位： 个

编号				5-3-31	5-3-32	5-3-33
项目				电梯/冷水机组接口（点以内）		
				20	50	＞50，每增加 30
名称			单位	消耗量		
人工	000203000	综合二类工	工日	2.800	4.200	1.400
材料	290901002	冷压端子 $\phi 6$ 孔	个	40.000	100.000	50.000
	850103005	其他材料费	元	2.830	3.660	4.080
机械	870199013	宽行打印机	台班	1.000	2.000	1.000
	870199011	笔记本电脑	台班	2.500	4.000	1.000
	870613028	工业用真有效值万用表	台班	1.000	1.000	0.500
	873150102	对讲机（一对）	台班	2.000	3.000	1.000

工作内容： 设备开箱检验、固定安装、连接、通电测试。

计量单位： 个

编号				5-3-34	5-3-35	5-3-36
项目				智能配电设备/柴油发电机组接口（点以内）		
				20	50	＞ 50，每增加 30
名称			单位	消耗量		
人工	000203000	综合二类工	工日	2.800	4.200	2.800
材料	290901002	冷压端子 $\phi 6$ 孔	个	40.000	100.000	50.000
	850103005	其他材料费	元	2.830	4.220	3.080
机械	870199013	宽行打印机	台班	1.000	2.000	1.000
	870199011	笔记本电脑	台班	2.500	4.000	2.000
	870613028	工业用真有效值万用表	台班	0.200	0.300	0.200
	873150102	对讲机（一对）	台班	2.000	2.500	1.500

工作内容：设备开箱检验、固定安装、连接、通电测试。 **计量单位**：个

编号				5-3-37	5-3-38	5-3-39
项目				VRV 接口	变频器接口	集成系统接口
名称			单位	消耗量		
人工	000203000	综合二类工	工日	4.200	4.200	21.000
材料	850103005	其他材料费	元	4.210	4.590	0.980
机械	870613028	工业用真有效值万用表	台班	1.000	1.000	—
	870199013	宽行打印机	台班	1.000	1.000	5.000
	870199011	笔记本电脑	台班	3.000	3.000	25.000
	873150102	对讲机（一对）	台班	2.000	2.000	5.000

5. 传感器安装、调试

工作内容：设备开箱检验、固定安装、连接、单体测试。 **计量单位**：支

编号				5-3-40	5-3-41	5-3-42
项目				风管式温度传感器、风管式湿度传感器	风管式温度湿度传感器	室内壁挂式温度传感器、室内壁挂式湿度传感器
名称			单位	消耗量		
人工	000203000	综合二类工	工日	0.225	0.275	0.200
材料	290901002	冷压端子 ϕ6 孔	个	5.000	8.000	5.000
	182505001	U 型卡子	个	10.000	10.000	10.000
	850103005	其他材料费	元	3.970	4.090	2.600
机械	870110001	数字温度计	台班	0.060	0.060	0.060
	870613028	工业用真有效值万用表	台班	0.050	0.050	0.050

工作内容：设备开箱检验、固定安装、连接、单体测试。 **计量单位**：支

编号				5-3-43	5-3-44	5-3-45	5-3-46
项目				室内壁挂式温度湿度传感器	室外壁挂式温度传感器	室外壁挂式湿度传感器	室外壁挂式温度湿度传感器
名称			单位	消耗量			
人工	000203000	综合二类工	工日	0.200	0.490	0.490	0.560
材料	290901002	冷压端子 ϕ6 孔	个	8.000	8.000	5.000	5.000
	182505001	U 型卡子	个	10.000	10.000	10.000	10.000
	850103005	其他材料费	元	2.600	4.620	4.620	4.620
机械	870110001	数字温度计	台班	0.060	0.040	0.050	0.060
	870613028	工业用真有效值万用表	台班	0.050	0.050	0.050	0.050

工作内容：设备开箱检验、固定安装、连接、单体测试。　　　　**计量单位：**支

编号				5-3-47	5-3-48	5-3-49	5-3-50	5-3-51	5-3-52
项目				接触式温度传感器	无线温湿度传感器	浸入式温度传感器		水道压力传感器	水管压差传感器
						普通型	防爆型		
名称			单位	消耗量					
人工	000203000	综合二类工	工日	0.070	0.070	0.350	0.560	0.450	0.300
材料	290901002	冷压端子 ϕ6 孔	个	5.000	5.000	5.000	5.000	5.000	5.000
	182505001	U 型卡子	个	5.000	5.000	8.000	8.000	16.000	8.000
	850103005	其他材料费	元	4.990	2.000	3.510	4.900	4.900	3.200
机械	870110001	数字温度计	台班	0.060	0.050	0.050	0.050	—	—
	870613028	工业用真有效值万用表	台班	0.050	0.050	0.050	0.050	0.050	0.050
	870113006	数字精密压力表	台班	—	—	—	—	0.060	0.060

工作内容：设备开箱检验、固定安装、连接、单体测试。　　　　**计量单位：**支

编号				5-3-53	5-3-54
项目				液体流量开关	空气压差开关、静压压差变送器、风管式静压变送器
名称			单位	消耗量	
人工	000203000	综合二类工	工日	0.210	0.350
材料	290901002	冷压端子 ϕ6 孔	个	5.000	5.000
	182505001	U 型卡子	个	8.000	6.000
	850103005	其他材料费	元	3.200	3.600
机械	870613028	工业用真有效值万用表	台班	0.050	0.050
	870113006	数字精密压力表	台班	—	0.050

6. 电动调节阀执行机构安装、调试

（1）电动风阀执行机构

工作内容：1. 开箱、检查、执行器固定安装、接线、单体测试。
2. 法兰焊接、制垫、固定安装、水压试验、绝缘测试。　　　　**计量单位：**个

编号				5-3-55	5-3-56	5-3-57	5-3-58
项目				电动风阀执行机构（力矩 N·m）			
				≤ 4	≤ 16	≤ 24	> 24
名称			单位	消耗量			
人工	000203000	综合二类工	工日	0.500	0.500	0.750	0.900
材料	290901002	冷压端子 ϕ6 孔	个	5.000	5.000	5.000	5.000
	182505001	U 型卡子	个	8.000	10.000	12.000	16.000
	850103005	其他材料费	元	3.500	3.800	4.100	4.350
机械	870613028	工业用真有效值万用表	台班	0.060	0.060	0.060	0.060

（2）电动水阀执行机构

工作内容：1. 开箱、检查、执行器固定安装、接线、单体测试。
2. 法兰焊接、制垫、固定安装、水压试验、绝缘测试。

计量单位：个

编　　号				5-3-59	5-3-60	5-3-61	5-3-62
项　　目				电动水阀执行机构（力矩 N · m）			
				≤ 10	≤ 25	≤ 50	＞ 50
名　　称			单位	消　耗　量			
人工	000203000	综合二类工	工日	0.750	0.900	1.250	1.500
材料	290901002	冷压端子 ϕ6 孔	个	5.000	5.000	5.000	5.000
	182505001	U 型卡子	个	8.000	10.000	12.000	16.000
	850103005	其他材料费	元	3.500	3.900	4.300	4.800
机械	990422010	手动液压叉车	台班	0.150	0.180	0.250	0.300
	870613028	工业用真有效值万用表	台班	0.060	0.060	0.060	0.060

（3）电动蝶阀执行机构

工作内容：1. 开箱、检查、执行器固定安装、接线、单体测试。
2. 法兰焊接、制垫、固定安装、水压试验、绝缘测试。

计量单位：个

编　　号				5-3-63	5-3-64	5-3-65
项　　目				电动蝶阀执行机构 公称直径（mm 以内）		
				100	250	400
名　　称			单位	消　耗　量		
人工	000203000	综合二类工	工日	0.750	0.950	1.500
材料	290901002	冷压端子 ϕ6 孔	个	5.000	5.000	5.000
	182505001	U 型卡子	个	12.000	20.000	30.000
	850103005	其他材料费	元	3.700	4.200	4.900
机械	990512010	平台作业升降车 9m	台班	—	0.800	1.200
	990422010	手动液压叉车	台班	0.150	0.190	0.300
	870613028	工业用真有效值万用表	台班	0.100	0.100	0.100

（4）启动柜节点接线

工作内容：1. 开箱、检查、执行器固定安装、接线、单体测试。
2. 法兰焊接、制垫、固定安装、水压试验、绝缘测试。

计量单位：个

编　　号				5-3-66	5-3-67	5-3-68	5-3-69	5-3-70
项　　目				启动柜接点接线				变压器温度接线
				5	10	20	35	
名　　称			单位	消　耗　量				
人工	000203000	综合二类工	工日	0.350	0.700	1.400	2.100	0.084
材料	290901002	冷压端子 ϕ6 孔	个	15.000	30.000	60.000	105.000	5.000
	182505001	U 型卡子	个	10.000	20.000	40.000	70.000	20.000
	850103005	其他材料费	元	2.300	2.500	3.500	5.000	3.810
机械	870613028	工业用真有效值万用表	台班	0.200	0.400	0.800	1.500	0.100
	873150102	对讲机（一对）	台班	0.200	0.400	0.800	1.200	0.200

7. 分系统调试

（1）暖通空调监控分系统调试

工作内容：1. 分系统调试、现场测量、记录、对比、调整。
2. 软件安装，通信测试，系统开发，能耗分析，系统 KPI 分析，系统调试。 计量单位：系统

编号				5-3-71	5-3-72	5-3-73
项目				暖通空调监控分系统调试（点）		
				≤100	≤200	＞200，每增加 50
名称			单位	消耗量		
人工	000303000	综合三类工	工日	10.000	22.000	8.000
材料	340501002	打印纸 132-1	箱	0.100	0.150	0.020
	022701004	棉丝	kg	2.000	4.000	0.500
	850103005	其他材料费	元	1.120	2.240	0.700
机械	870199013	宽行打印机	台班	2.000	5.000	0.800
	870613028	工业用真有效值万用表	台班	5.000	12.000	4.000
	870199011	笔记本电脑	台班	5.000	12.000	4.000
	873150102	对讲机（一对）	台班	6.000	15.000	5.000
	873148008	数字示波器	台班	1.000	2.000	0.800
	870199017	过程仪表	台班	2.000	4.000	1.600
	874614178	烟气分析仪	台班	1.000	2.000	0.800
	870116001	数字压差计	台班	1.000	2.000	0.800
	874618017	风压风速风量仪	台班	1.000	2.000	0.800
	870110001	数字温度计	台班	1.000	2.000	0.800

（2）给排水调监控分系统调试

工作内容：分系统调试、现场测量、记录、对比、调整。 计量单位：系统

编号				5-3-74	5-3-75	5-3-76
项目				给排水监控分系统调试（点以内）		
				≤50	≤100	＞100，每增加 20
名称			单位	消耗量		
人工	000303000	综合三类工	工日	6.000	15.000	3.000
材料	340501002	打印纸 132-1	箱	0.050	0.120	0.030
	022701004	棉丝	kg	1.000	2.000	0.300
	850103005	其他材料费	元	1.500	2.960	0.400
机械	870199013	宽行打印机	台班	1.000	2.000	0.300
	870613028	工业用真有效值万用表	台班	2.000	4.000	1.000
	870199011	笔记本电脑	台班	2.000	4.000	1.000
	873150102	对讲机（一对）	台班	3.000	6.000	1.500

（3）公共照明监控分系统调试

工作内容： 分系统调试、现场测量、记录、对比、调整。　　**计量单位：** 系统

编号				5-3-77	5-3-78	5-3-79
项目				公共照明监控分系统调试（点以内）		
				≤ 100	≤ 200	＞200，每增加 50
名称			单位	消耗量		
人工	000303000	综合三类工	工日	10.000	22.000	8.000
材料	340501002	打印纸 132-1	箱	0.100	0.150	0.020
	022701004	棉丝	kg	2.000	4.000	0.500
	850103005	其他材料费	元	1.120	2.240	0.700
机械	870199013	宽行打印机	台班	2.000	5.000	0.800
	870613028	工业用真有效值万用表	台班	5.000	12.000	4.000
	870199011	笔记本电脑	台班	5.000	12.000	4.000
	873150102	对讲机（一对）	台班	6.000	15.000	5.000

（4）能耗监测分系统调试

工作内容： 软件安装，通信测试，系统开发，能耗分析，系统 KPI 分析系统调试。　　**计量单位：** 系统

编号				5-3-80	5-3-81	5-3-82
项目				能耗监测分系统调试（点以内）		
				≤ 100	≤ 200	＞200，每增加 50
名称			单位	消耗量		
人工	000303000	综合三类工	工日	10.000	22.000	8.000
材料	340501002	打印纸 132-1	箱	0.100	0.150	0.020
	022701004	棉丝	kg	2.000	4.000	0.500
	850103005	其他材料费	元	1.120	2.240	0.700
机械	870199013	宽行打印机	台班	2.000	5.000	0.800
	870613028	工业用真有效值万用表	台班	5.000	12.000	4.000
	870199011	笔记本电脑	台班	5.000	15.000	5.000
	873150102	对讲机（一对）	台班	6.000	15.000	5.000

（5）电梯和自动扶梯监测分系统调试

工作内容： 分系统调试、现场测量、记录、对比、调整　　**计量单位：** 系统

编号				5-3-83	5-3-84	5-3-85
项目				电梯和自动扶梯监测分系统调试（点以内）		
				≤ 50	≤ 100	＞100，每增加 20
名称			单位	消耗量		
人工	000303000	综合三类工	工日	6.000	15.000	3.000
材料	340501002	打印纸 132-1	箱	0.050	0.120	0.030
	022701004	棉丝	kg	1.000	2.000	0.300
	850103005	其他材料费	元	1.500	2.960	0.400
机械	870199013	宽行打印机	台班	1.000	2.000	0.300
	870613028	工业用真有效值万用表	台班	2.000	4.000	1.000
	870199011	笔记本电脑	台班	2.000	4.000	1.000
	873150102	对讲机（一对）	台班	3.000	6.000	1.500

8. 建筑设备监控系统调试

工作内容：系统调试、现场测量、记录、对比、调整。 **计量单位：**系统

编号				5-3-86	5-3-87	5-3-88	5-3-89	5-3-90	5-3-91
项目				系统调试（点以内）					
				500	1000	2000	3500	5000	＞5000，每增加500
名称			单位	消耗量					
人工	000303000	综合三类工	工日	30.000	50.000	80.000	150.000	220.000	20.000
材料	340501002	打印纸 132-1	箱	0.100	0.200	0.500	1.500	2.200	0.300
	022701004	棉丝	kg	2.000	4.000	10.000	25.000	50.000	2.000
	850103005	其他材料费	元	2.500	3.500	4.500	3.600	4.900	4.540
机械	870199013	宽行打印机	台班	2.000	5.000	15.000	40.000	80.000	3.000
	870613028	工业用真有效值万用表	台班	6.000	14.000	32.000	70.000	160.000	7.000
	870199011	笔记本电脑	台班	15.000	35.000	80.000	175.000	375.000	50.000
	873150102	对讲机（一对）	台班	18.000	42.000	96.000	210.000	450.000	60.000
	873148008	数字示波器	台班	1.000	2.000	5.000	10.000	20.000	2.000
	870199017	过程仪表	台班	1.000	2.000	5.000	10.000	20.000	2.000
	874614178	烟气分析仪	台班	1.000	2.000	5.000	10.000	20.000	2.000
	870116001	数字压差计	台班	1.000	2.000	5.000	10.000	20.000	2.000
	874618017	风压风速风量仪	台班	1.000	2.000	5.000	10.000	20.000	2.000
	870110001	数字温度计	台班	1.000	2.000	5.000	10.000	20.000	2.000

9. 建筑设备监控系统试运行

工作内容：系统调试完成，系统试运行，数据检测记录，问题处理，完成试运行报告。 **计量单位：**系统

编号				5-3-92	5-3-93
项目				系统试运行（点以内）	
				≤500	＞500，每增加500
名称			单位	消耗量	
人工	000303000	综合三类工	工日	45.000	30.000
材料	340501002	打印纸 132-1	箱	0.400	0.300
	022701004	棉丝	kg	10.000	8.000
	850103005	其他材料费	元	4.090	3.500
机械	870199013	宽行打印机	台班	5.000	—
	870613028	工业用真有效值万用表	台班	5.000	5.000
	870199011	笔记本电脑	台班	5.000	5.000
	873150102	对讲机（一对）	台班	15.000	5.000
	873148008	数字示波器	台班	5.000	—
	870110001	数字温度计	台班	5.000	—

二、能耗监测系统安装、调试

1. 控制设备安装、调试

工作内容：开箱检查、安装、接线、单体测试。 **计量单位：**个

编号				5-3-94	5-3-95	5-3-96	5-3-97
项目				远传冷/热水表		远传脉冲电表	空调节能表
				螺纹连接	法兰连接		
名称			单位	消耗量			
人工	000203000	综合二类工	工日	0.280	0.400	0.280	0.360
材料	290901002	冷压端子 ϕ6 孔	个	5.000	5.000	5.000	5.000
	182505001	U 型卡子	个	8.000	8.000	8.000	8.000
	850103005	其他材料费	元	4.290	3.610	3.910	3.910
机械	990422010	手动液压叉车	台班	—	0.100	—	—
	870613028	工业用真有效值万用表	台班	0.050	0.050	0.050	0.050

工作内容：开箱检查、安装、接线、单体测试。 **计量单位：**个

编号				5-3-98	5-3-99
项目				远传煤气表、远传蒸汽表、远传氧气表	远传冷/热量表
名称			单位	消耗量	
人工	000203000	综合二类工	工日	0.385	0.455
材料	290901002	冷压端子 ϕ6 孔	个	5.000	5.000
	182505001	U 型卡子	个	8.000	8.000
	850103005	其他材料费	元	4.350	4.350
机械	870613028	工业用真有效值万用表	台班	0.050	0.050

2. 采集系统安装、调试

工作内容：开箱检查、固定安装、接线、单体测试。 **计量单位：**个

编号				5-3-100	5-3-101	5-3-102
项目				动力载波抄表集中器	集中式远程总线抄表采集器	集中式远程总线抄表主机
名称			单位	消耗量		
人工	000203000	综合二类工	工日	0.245	0.350	1.470
材料	290901002	冷压端子 ϕ6 孔	个	8.000	10.000	10.000
	182505001	U 型卡子	个	10.000	20.000	30.000
	850103005	其他材料费	元	4.210	4.390	4.960
机械	870613028	工业用真有效值万用表	台班	0.050	0.050	0.050

工作内容：开箱检查、固定安装、接线、单体测试。 **计量单位：**个

编号				5-3-103	5-3-104	5-3-105
项目				分散式远程总线抄表采集器	分散式远程总线抄表主机	抄表控制箱
名称			单位	消耗量		
人工	000203000	综合二类工	工日	0.910	0.630	0.210
材料	290901002	冷压端子 ϕ6 孔	个	20.000	20.000	20.000
	182505001	U 型卡子	个	30.000	30.000	30.000
	850103005	其他材料费	元	4.680	4.290	4.170
机械	870613028	工业用真有效值万用表	台班	0.100	0.200	0.100

工作内容：开箱检查、固定安装、接线、单体测试。 **计量单位：**个

编号				5-3-106	5-3-107	5-3-108
项目				多表采集智能终端（含控制）	多表采集智能终端调试	读表器
名称			单位	消耗量		
人工	000203000	综合二类工	工日	0.315	1.050	0.112
材料	290901002	冷压端子 ϕ6 孔	个	30.000	4.000	6.000
	182505001	U 型卡子	个	10.000	—	8.000
	850103005	其他材料费	元	3.590	3.020	3.140
机械	870613028	工业用真有效值万用表	台班	0.100	0.100	—

工作内容：开箱检查、固定安装、接线、单体测试。 **计量单位：**个

编号				5-3-109	5-3-110	5-3-111	5-3-112
项目				采集器电源	通信接口卡	便携式抄收仪	分线器
名称			单位	消耗量			
人工	000203000	综合二类工	工日	0.350	0.840	0.140	0.091
材料	850103005	其他材料费	元	4.670	4.120	3.010	3.630
机械	870613028	工业用真有效值万用表	台班	0.100	0.100	—	—
	870199013	宽行打印机	台班	—	0.200	—	—
	870199011	笔记本电脑	台班	—	0.500	—	—

3. 中心管理系统安装、调试

工作内容：设备开箱检验、就位安装、接线、软件安装、调试。　　　　**计量单位：**个

编　号				5-3-113
项　目				通信接口转换器
名　称			单位	消　耗　量
人工	000203000	综合二类工	工日	0.210
材料	850103005	其他材料费	元	4.740
机械	870199013	宽行打印机	台班	0.100
	870613028	工业用真有效值万用表	台班	0.050
	870199011	笔记本电脑	台班	0.100

4. 电量变送器安装、调试

工作内容：设备开箱检查、固定安装、接线、单体测试。　　　　**计量单位：**支

编　号				5-3-114
项　目				电量变送器
名　称			单位	消　耗　量
人工	000203000	综合二类工	工日	0.700
材料	290901002	冷压端子 ϕ6 孔	个	8.000
	182505001	U 型卡子	个	6.000
	850103005	其他材料费	元	3.500
机械	870613028	工业用真有效值万用表	台班	0.050

5. 其他传感器及变送器安装、调试

工作内容：设备开箱检查、固定安装、接线、单体测试。　　　　**计量单位：**支

编　号				5-3-115	5-3-116
项　目				风道式	室内壁挂式空气质量传感器
				空气质量传感器、烟感探测器、气体探测器	
名　称			单位	消　耗　量	
人工	000203000	综合二类工	工日	0.350	0.280
材料	290901002	冷压端子 ϕ6 孔	个	5.000	5.000
	182505001	U 型卡子	个	4.000	4.000
	850103005	其他材料费	元	3.770	3.600
机械	870613028	工业用真有效值万用表	台班	0.050	0.100

工作内容：设备开箱检查、固定安装、接线、单体测试。　　计量单位：支

编　号				5-3-117	5-3-118	5-3-119
项　目				室内壁挂式空气传感器、风速传感器	防霜冻开关	液位开关
名　称			单位	消　耗　量		
人工	000203000	综合二类工	工日	0.280	0.210	0.280
材料	290901002	冷压端子 $\phi6$ 孔	个	5.000	3.000	3.000
	182505001	U 型卡子	个	4.000	4.000	4.000
	850103005	其他材料费	元	3.600	3.600	3.600
机械	870613028	工业用真有效值万用表	台班	0.040	0.040	0.040

工作内容：设备开箱检查、固定安装、接线、单体测试。　　计量单位：套

编　号				5-3-120	5-3-121	5-3-122	5-3-123
项　目				静压液位变送器		液位计	
				普通型	防爆型	普通型	防爆型
名　称			单位	消　耗　量			
人工	000203000	综合二类工	工日	0.525	0.560	0.525	0.560
材料	290901002	冷压端子 $\phi6$ 孔	个	5.000	5.000	5.000	5.000
	182505001	U 型卡子	个	6.000	12.000	10.000	18.000
	850103005	其他材料费	元	2.500	4.300	3.700	4.900
机械	870613028	工业用真有效值万用表	台班	0.050	0.050	0.050	0.050

工作内容：设备开箱检查、固定安装、接线、单体测试。　　计量单位：套

编　号				5-3-124	5-3-125	5-3-126
项　目				电磁流量计	涡街流量计	超声波流量计
名　称			单位	消　耗　量		
人工	000203000	综合二类工	工日	1.260	1.295	1.400
材料	290901002	冷压端子 $\phi6$ 孔	个	5.000	5.000	5.000
	182505001	U 型卡子	个	8.000	12.000	6.000
	850103005	其他材料费	元	4.980	4.980	4.980
机械	870613028	工业用真有效值万用表	台班	0.100	0.100	0.100
	870116005	超声波流量计	台班	0.500	0.500	0.500

工作内容：设备开箱检查、固定安装、接线、单体测试。　　　　**计量单位**：套

编号				5-3-127	5-3-128
项目				弯管流量计、转子流量计	光照度传感计
名称			单位	消耗量	
人工	000203000	综合二类工	工日	1.400	1.050
材料	290901002	冷压端子 φ6 孔	个	5.000	5.000
材料	182505001	U 型卡子	个	12.000	6.000
材料	850103005	其他材料费	元	4.980	4.470
机械	870613028	工业用真有效值万用表	台班	0.100	0.100
机械	870116005	超声波流量计	台班	0.500	—

三、智能照明系统

工作内容：测位、划线、打眼、埋螺栓、安装固定面板、接线、调校。　　　　**计量单位**：见表

编号				5-3-129	5-3-130	5-3-131	5-3-132	5-3-133	5-3-134
项目				智能家居控制箱（半周长 mm）		智能控制面板	红外感应开关	声控延时开关	按键延时开关
				≤700	>700				
单位				个			套		
名称			单位	消耗量					
人工	000203000	综合二类工	工日	0.360	0.520	0.081	0.053	0.053	0.053
材料	574509002	智能家居控制箱	个	(1.000)	(1.000)	—	—	—	—
材料	263113002	智能控制面板	个	—	—	(1.000)	—	—	—
材料	260901002	红外感应开关	个	—	—	—	(1.020)	—	—
材料	260913002	声控延时开关（红外线感应）	个	—	—	—	—	(1.020)	—
材料	260919002	按键延时开关	个	—	—	—	—	—	(1.020)
材料	030105002	半圆头镀锌螺栓 M2～5×15～50	套	—	—	2.080	2.080	2.080	2.080
材料	280301004	铜芯塑料绝缘电线 BV-2.5mm^2	m	—	—	0.305	0.305	0.305	0.305
材料	280301009	铜芯塑料绝缘电线 BV-16mm^2	m	3.060	3.060	—	—	—	—
材料	290901006	铜端子 16mm^2	个	2.020	2.020	—	—	—	—
材料	850103005	其他材料费	元	1.800	1.800	1.800	1.800	1.800	1.800
材料	870622039	钳形接地电阻测试仪	台班	0.250	0.250	—	—	—	—
机械	000203000	综合二类工	工日	0.360	0.520	0.081	0.053	0.053	0.053

四、补充项目

1. 建筑设备监控系统安装、调试

工作内容：设备开箱检验、固定安装、连接、单体测试。　　**计量单位：**支

编　号				5-3-135
项　目				浸入式温度传感器
				本安型
名　称			单位	消　耗　量
人工	000203000	综合二类工	工日	0.490
材料	850103005	其他材料费	元	11.510
机械	870110001	数字温度计	台班	0.050
	870613028	工业用真有效值万用表	台班	0.050

工作内容：分系统调试、现场测量、记录、对比、调整。　　**计量单位：**系统

编　号				5-3-136	5-3-137	5-3-138
项　目				变配电监测分系统调试（点）		
				≤50	≤100	>100，每增加 20
名　称			单位	消　耗　量		
人工	000203000	综合二类工	工日	6.000	15.000	3.000
材料	340501002	打印纸 132-1	箱	0.050	0.120	0.030
	022701004	棉丝	kg	1.000	2.000	0.300
	850103005	其他材料费	元	1.500	2.960	0.400
机械	870613028	工业用真有效值万用表	台班	2.000	4.000	1.000
	870199013	宽行打印机	台班	1.000	2.000	0.300
	870199011	笔记本电脑	台班	2.000	4.000	1.000
	873150102	对讲机（一对）	台班	3.000	6.000	1.500

2. 能耗监测系统安装、调试

工作内容：开箱检查、切管、套丝、制垫、加垫、安装、接线、单体测试、压力试验。　　**计量单位：**个

编　号				5-3-139	5-3-140
项　目				基表及控制设备安装	
				燃气用电动阀（≤*DN*32）	冷/热水用电动阀（≤*DN*32）
名　称			单位	消　耗　量	
人工	000203000	综合二类工	工日	0.275	0.250
材料	850103005	其他材料费	元	4.290	4.290
机械	870613028	工业用真有效值万用表	台班	0.050	0.050

第四章

有线电视、卫星接收系统工程

说　明

一、本章内容包括有线广播电视、卫星电视、闭路电视系统设备的安装调试工程。

二、本章不包括以下工作内容：

1. 同轴电缆敷设、电缆头制作等项目执行本册第二章相应项目。
2. 监控设备安装等项目执行本册第六章相应项目。
3. 其他辅助工程项目执行本册第二章相应项目。
4. 所有设备按成套设备购置考虑，在安装时如需另购材料可按实计算。

工程量计算规则

一、前端射频设备安装、调试，以“套”为计量单位。
二、卫星电视接收设备、光端设备、有线电视系统管理设备安装、调试，以“台”为计量单位。
三、干线传输设备、分配网络设备安装、调试，以“个”为计量单位。
四、数字电视设备安装、调试，以“台”为计量单位。

一、电视墙安装

工作内容：开箱检查、机架组装、划线、定位、安装机架电源、安装机架电视信号分配系统、电视机、机架接地。

计量单位：见表

编号				5-4-1	5-4-2	5-4-3	5-4-4
项目				电视机	电视墙架（台以内）		操作台
					12	24	单工位
单位				台	套		
名称			单位	消耗量			
人工	000203000	综合二类工	工日	0.300	6.000	12.000	1.200
材料	264100002	插座	个	—	（12.000）	（24.000）	—
	030105038	地脚螺栓 M14×120～230	套	—	6.120	12.240	—
	280301006	铜芯塑料绝缘电线 BV-6mm²	m	2.040	—	—	—
	284309004	接地线 1×16mm²	m	—	2.040	2.040	2.040
	290901004	铜端子 6mm²	个	2.040	—	—	—
	290901006	铜端子 16mm²	个	—	2.040	2.040	2.040
	282309003	射频电缆 SYV5-1	m	—	25.380	50.750	—
	264615001	F 型插头 75-7	个	—	28.280	56.560	—
	264500001	插头	个	—	24.240	48.480	—
机械	990422010	手动液压叉车	台班	—	0.500	0.500	0.240
	870622039	钳形接地电阻测试仪	台班	—	0.050	0.050	—

二、设备安装、调试

1. 前端射频设备安装、调试

（1）前端射频设备安装

工作内容：搬运、开箱清点、通电检查、就位、制作接头、对线标记、扎线、清理施工现场。

计量单位：台

编号				5-4-5	5-4-6	5-4-7	5-4-8
项目				邻频前端（个）		电视解调器	中频解调器
				12 个频道	每增 1 个频道	固定频道、捷变频道	
名称			单位	消耗量			
人工	000203000	综合二类工	工日	2.300	0.250	0.250	0.250

续前

编号				5-4-5	5-4-6	5-4-7	5-4-8
项目				邻频前端（个）		电视解调器	中频解调器
				12 个频道	每增 1 个频道	固定频道、捷变频道	
名称			单位	消耗量			
材料	290634003	电缆卡子（综合）	个	36.360	3.030	3.030	3.030
	341304002	标志牌	个	50.500	4.040	1.010	—
	264615001	F 型插头 75-7	个	12.120	1.010	—	—
	264615005	射频电缆用 插头、插座	套	12.120	1.010	—	—
	282309003	射频电缆 SYV5-1	m	203.000	18.270	5.080	5.080
	264615004	莲花插头	个	24.240	2.020	2.200	2.200
	282901001	同轴电缆	m	30.450	3.050	2.030	2.030
机械	873144004	场强仪	台班	1.000	0.050	0.050	0.050

工作内容：搬运、开箱清点、通电检查、就位、制作接头、对线标记、扎线、清理施工现场。

计量单位：台

编号				5-4-9	5-4-10	5-4-11
项目				调制器	卫星电视节目接收机	前端混合器 4（路）
				有中频输出、无中频输出		16 以下
名称			单位	消耗量		
人工	000203000	综合二类工	工日	0.250	0.250	0.400
材料	290634003	电缆卡子（综合）	个	3.030	3.030	18.000
	341304002	标志牌	个	1.010	1.010	—
	264615001	F 型插头 75-7	个	2.020	2.020	19.190
	264615004	莲花插头	个	2.200	—	—
	282901001	同轴电缆	m	2.030	2.030	36.850
	282705001	双绞线缆	m	5.080	—	—
机械	873144004	场强仪	台班	0.150	0.150	0.200

（2）前端射频设备系统调试

工作内容：调试各频道输入 RF 电平幅度，调试各频道的输出幅度及射频参数、填写调试报告。

计量单位：套

编号				5-4-12	5-4-13	5-4-14	5-4-15
项目				邻频前端		电视解调器	
				12 个频道	每增 1 个频道	固定频道	捷变频道
名称			单位	消耗量			
人工	000203000	综合二类工	工日	4.000	0.100	0.100	0.500
机械	873146002	频谱分析仪	台班	2.000	0.050	0.050	0.050

工作内容：调试各频道输入RF电平幅度，调试各频道的输出幅度及射频参数、填写调试报告。

计量单位：见表

编　号				5-4-16	5-4-17	5-4-18	5-4-19	5-4-20
项　目				中频调制器	捷变频调制器		卫星电视节目接收机	前端混合器（路）
					有中频输出	无中频输出		16以下
单　位				套	台			
名　称			单位	消　耗　量				
人工	000203000	综合二类工	工日	0.500	0.750	0.500	0.500	0.150
机械	873146002	频谱分析仪	台班	0.050	0.750	0.500	0.150	0.150

（3）前端广播设备安装、调试

工作内容：搬运、开箱清点、通电检查、就位、调测记录、填写调试报告、扎线、清理施工现场。

计量单位：台

编　号				5-4-21	5-4-22	5-4-23
项　目				FM调制器		调频解调器、DAB调制器
				单频点	捷变器	
名　称			单位	消　耗　量		
人工	000203000	综合二类工	工日	1.000	2.000	2.000
材料	290634003	电缆卡子（综合）	个	2.020	2.020	2.020
	341304002	标志牌	个	1.010	1.010	1.010
	264615005	射频电缆用 插头、插座	套	1.010	1.010	1.010
	282309003	射频电缆 SYV5-1	m	5.080	5.080	5.080
	264615004	莲花插头	个	2.020	2.020	2.020
	282901001	同轴电缆	m	2.020	2.020	2.020
机械	873146002	频谱分析仪	台班	0.100	1.000	1.000

2. 卫星电视接收设备安装、调试

工作内容：搬运、开箱清点、通电检查、接线、安装固定、调试、记录、标记、扎线、清理施工现场。

计量单位：台

编　号				5-4-24	5-4-25	5-4-26	5-4-27
项　目				解码器（解压器）	数字信号转换器	卫星信号放大器	功分器
名　称			单位	消　耗　量			
人工	000203000	综合二类工	工日	0.400	0.250	0.500	0.200
材料	280301006	铜芯塑料绝缘电线 BV-6mm^2	m	2.040	2.040	2.040	2.040
	290901004	铜端子 6mm^2	个	2.040	2.040	2.040	2.040
	264615001	F型插头 75-7	个	—	—	2.020	3.030
	264615004	莲花插头	个	2.020	2.020	—	—
	282901001	同轴电缆	m	—	—	2.020	10.150
	282309003	射频电缆 SYV5-1	m	40.600	40.600	—	—
机械	873144004	场强仪	台班	0.300	0.200	0.400	0.100

3. 光端设备安装、调试

工作内容： 1. 搬运、开箱检查、安装固定、接线，光跳线余长保护处理。
2. 安装标志牌，调测记录，完成调测报告。

计量单位： 台

编号				5-4-28	5-4-29	5-4-30	5-4-31
项目				模拟光发射机			
				不带网管功能		带网管功能	
				直接调制	外调制	直接调制	外调制
名称			单位	消耗量			
人工	000203000	综合二类工	工日	3.000	4.000	3.500	4.500
材料	341304002	标志牌	个	1.010	1.010	1.010	1.010
机械	873144004	场强仪	台班	1.500	2.000	1.500	2.000
	871122030	光功率计	台班	1.500	2.000	1.500	2.000
	871122021	光时域反射仪	台班	1.500	2.000	1.500	2.000

工作内容： 1. 搬运、开箱检查、安装固定、接线，光跳线余长保护处理。
2. 安装标志牌，调测记录，完成调测报告。

计量单位： 台

编号				5-4-32	5-4-33	5-4-34	5-4-35	5-4-36
项目				反向光接收机		FM 光发射机	数字光发射机	光分路器
				不带网管	带网管			
名称			单位	消耗量				
人工	000203000	综合二类工	工日	1.000	2.000	6.000	6.000	1.000
材料	341304002	标志牌	个	1.010	1.010	1.010	1.010	1.010
机械	873144004	场强仪	台班	0.200	0.300	1.000	2.000	0.200
	871122030	光功率计	台班	0.500	0.500	1.000	2.000	0.500
	871122021	光时域反射仪	台班	0.200	0.300	1.000	2.000	0.200

三、有线电视系统管理设备安装、调试

工作内容： 搬运、开箱清点检查、安装固定、接线、安装标志牌，调试。

计量单位： 台

编号				5-4-37	5-4-38	5-4-39	5-4-40
项目				视频加密器	数据调制器	数据分支器	数据控制器
名称			单位	消耗量			
人工	000203000	综合二类工	工日	2.000	2.000	1.000	2.000
材料	282309003	射频电缆 SYV5-1	m	10.000	10.000	10.000	10.000
	341304002	标志牌	个	1.010	1.010	1.010	1.010
	264615004	莲花插头	个	2.020	—	—	—
	282901001	同轴电缆	m	2.020	—	—	—
	264615001	F 型插头 75-7	个	2.020	—	—	—
机械	870199011	笔记本电脑	台班	—	1.000	0.800	—
	870613028	工业用真有效值万用表	台班	0.300	0.300	0.200	0.300

工作内容：搬运、开箱清点检查、安装固定、接线、安装标志牌，调试。　　**计量单位：**台

编号				5-4-41	5-4-42	5-4-43	5-4-44
项目				数据解调器	网络收费管理控制器	收费管理系统测试	网络管理系统测试
名称			单位	消耗量			
人工	000203000	综合二类工	工日	2.000	2.000	7.500	8.000
材料	282309003	射频电缆 SYV5-1	m	10.000	—	—	—
	341304002	标志牌	个	1.010	—	—	—
	282705001	双绞线缆	m	—	10.000	—	—
	290901003	冷压接线端头 RJ4r	个	—	2.020	—	—
机械	870199011	笔记本电脑	台班	—	—	1.000	1.000
	870613028	工业用真有效值万用表	台班	0.300	0.300	—	—
	873144004	场强仪	台班	—	—	0.050	0.050

四、播控设备安装、调试

1. 播　控　台

工作内容：开箱检查、划线、定位、本体安装、接线、接地。　　**计量单位：**台

编号				5-4-45	5-4-46	5-4-47
项目				播控台		
				≤ 1.2M	≤ 1.6M	≤ 2M 组合式
名称			单位	消耗量		
人工	000203000	综合二类工	工日	2.000	2.400	3.200
材料	280301009	铜芯塑料绝缘电线 BV-16mm^2	m	2.040	2.040	2.040
	290901006	铜端子 16mm^2	个	2.040	2.040	2.040
	290634003	电缆卡子（综合）	个	505.000	505.000	505.000
机械	990422010	手动液压叉车	台班	0.400	0.480	0.500
	870622039	钳形接地电阻测试仪	台班	0.050	0.050	0.050

2. 数字电视设备

（1）数字电视设备安装、调试

工作内容： 开箱检验、布线联接、设备安装、设备标志、软件功能参数设置测试。 **计量单位：** 台

编号				5-4-48	5-4-49	5-4-50	5-4-51
项目				编码器	QAM 调制器	复用器	节目管理控制器
名称			单位	消耗量			
人工	000203000	综合二类工	工日	1.000	2.000	2.000	1.000
材料	282705001	双绞线缆	m	2.020	2.020	2.020	5.000
	290901003	冷压接线端头 RJ4r	个	1.010	1.010	1.010	2.020
	290634003	电缆卡子（综合）	个	8.010	5.050	12.120	2.020
	264617001	BNC-50KY 插头、插座	套	5.050	1.010	12.120	—
	264500001	插头	个	1.010	—	—	—
	282309002	射频电缆 SYV3-1	m	5.050	1.010	12.120	2.040
	282309003	射频电缆 SYV5-1	m	—	6.060	—	—
	341304002	标志牌	个	8.010	5.050	12.120	—
机械	873150040	数据分析仪	台班	1.000	—	1.000	0.500
	873146002	频谱分析仪	台班	—	1.000	—	—

工作内容： 开箱检验、布线联接、设备安装、设备标志、软件功能参数设置测试。 **计量单位：** 台

编号				5-4-52	5-4-53	5-4-54	5-4-55
项目				CA 加密机	加扰器	数字调制器	机顶盒
名称			单位	消耗量			
人工	000203000	综合二类工	工日	2.000	2.000	1.000	0.070
材料	282705001	双绞线缆	m	5.000	10.000	—	—
	290901003	冷压接线端头 RJ4r	个	2.020	2.020	—	—
	290634003	电缆卡子（综合）	个	—	2.020	2.020	2.020
	341304002	标志牌	个	1.010	1.010	1.010	1.010
	282309002	射频电缆 SYV3-1	m	1.010	1.010	—	—
	282309003	射频电缆 SYV5-1	m	—	—	5.000	5.000
机械	870199011	笔记本电脑	台班	0.500	0.500	0.300	—
	873150040	数据分析仪	台班	0.500	0.500	—	—

（2）网络管理设备安装、调试

工作内容：开箱检验、布线联接、设备安装、设备标志、软件功能参数设置测试。　　**计量单位：**台

编　号				5-4-56	5-4-57
项　目				网络安全管理前端	
				信号处理器	报警控制器
名　称			单位	消　耗　量	
人工	000203000	综合二类工	工日	1.000	1.000
材料	282705001	双绞线缆	m	2.020	4.040
	290901003	冷压接线端头 RJ4r	个	1.010	1.010
	282309003	射频电缆 SYV5-1	m	5.050	—
	341304002	标志牌	个	4.040	2.020
	290634003	电缆卡子（综合）	个	2.020	2.020
机械	870199011	笔记本电脑	台班	0.300	0.300

五、干线传输设备安装、调试

1. 干线传输设备安装

工作内容：开箱检验、搬运、安装固定、固定尾缆（尾纤）、接地、标记。　　**计量单位：**台

编　号				5-4-58	5-4-59	5-4-60	5-4-61	5-4-62
项　目				光接收机			光放大器	
				室外		室内		室外
				地面	架空			
名　称			单位	消　耗　量				
人工	000203000	综合二类工	工日	0.700	1.400	0.560	0.800	2.000
材料	280301006	铜芯塑料绝缘电线 BV-6mm^2	m	2.040	2.040	2.040	2.040	2.040
	290901004	铜端子 6mm^2	个	2.040	2.040	2.040	2.040	2.040
	850103005	其他材料费	元	0.590	0.590	0.590	0.590	0.590
机械	870613028	工业用真有效值万用表	台班	0.500	0.500	0.500	0.200	0.200
	871122021	光时域反射仪	台班	0.500	0.500	0.500	0.200	0.200
	873144004	场强仪	台班	—	—	—	0.200	0.200

2. 干线传输设备调试

工作内容：测试输入光功率、调整衰减、均衡、测试记录。　　**计量单位：**见表

编号				5-4-63	5-4-64	5-4-65	5-4-66	5-4-67	5-4-68	5-4-69
项目				调试光接收机（单向）			调试光接收机（双向）			调试光放大器
				室外		室内	室外		室内	
				地面	架空		地面	架空		
单位				台						个
名称			单位	消耗量						
人工	000203000	综合二类工	工日	1.000	1.200	1.000	1.500	2.000	1.500	1.000
机械	871122030	光功率计	台班	0.200	0.200	0.200	0.200	0.200	0.200	0.500
	871122021	光时域反射仪	台班	0.200	0.200	0.200	0.200	0.200	0.200	0.200
	873144004	场强仪	台班	0.500	0.500	0.500	0.500	0.500	0.500	0.200
	873150102	对讲机（一对）	台班	0.800	0.800	0.800	1.200	1.600	1.200	0.800

3. 线路设备安装

工作内容：开箱检验、搬运、安装固定、取电、做接头、接地、标记。　　**计量单位：**个

编号				5-4-70	5-4-71	5-4-72
项目				干线放大器		
				室外		室内
				地面	架空	
名称			单位	消耗量		
人工	000203000	综合二类工	工日	0.600	1.280	0.400
材料	280301006	铜芯塑料绝缘电线 BV-6mm^2	m	2.040	2.040	2.040
	290901004	铜端子 6mm^2	个	2.040	2.040	2.040
	850103005	其他材料费	元	1.300	1.120	1.300
机械	873144004	场强仪	台班	0.600	0.600	0.600

工作内容：开箱检验、搬运、安装固定、取电、做接头、接地、标记。　　**计量单位：**台

编号				5-4-73	5-4-74	5-4-75
项目				供电器		
				室外		室内
				地面	架空	
名称			单位	消耗量		
人工	000203000	综合二类工	工日	1.000	2.000	0.800
材料	052505003	配电板（含开关、保险）	个	（1.000）	（1.000）	（1.000）
	280301006	铜芯塑料绝缘电线 BV-6mm^2	m	2.040	2.040	2.040
	290901004	铜端子 6mm^2	个	2.040	2.040	2.040
	290613001	硬质 PVC 管	m	6.060	6.060	—
机械	870613028	工业用真有效值万用表	台班	0.300	0.300	0.300

工作内容： 开箱检验、搬运、安装固定、取电、做接头、接地、标记。　　**计量单位：** 个

编号				5-4-76	5-4-77	5-4-78
项目				无源器件		
				室外		室内
				地面	架空	
名称			单位	消耗量		
人工	000203000	综合二类工	工日	0.400	0.500	0.300
材料	030107056	塑料膨胀螺栓	套	4.040	—	4.040

4. 线路设备调试

工作内容： 测试输入电平、调整衰减、均衡、作测试记录。　　**计量单位：** 台

编号				5-4-79	5-4-80	5-4-81	5-4-82
项目				调试放大器			
				单向		双向	
				地面	架空	地面	架空
名称			单位	消耗量			
人工	000303000	综合三类工	工日	0.800	1.200	1.000	1.500
机械	873144004	场强仪	台班	0.400	0.500	0.600	0.700
	870613028	工业用真有效值万用表	台班	0.050	0.050	0.050	0.050

工作内容： 测试输入电平、调整衰减、均衡、作测试记录。　　**计量单位：** 个

编号				5-4-83	5-4-84	5-4-85	5-4-86
项目				调试供电器			
				放大器供电（台）			
				10 以下		10 以上	
				地面	电杆上	地面	电杆上
名称			单位	消耗量			
人工	000303000	综合三类工	工日	0.800	1.600	1.000	2.000
机械	870613028	工业用真有效值万用表	台班	0.600	1.200	0.600	1.600

六、分配网络设备安装、调试

工作内容： 1. 开箱检查、安装、接电。
2. 本体安装、系统调试、完成自检测试报告。

计量单位： 个

编 号				5-4-87	5-4-88
项 目				安装楼栋放大器	混合器
名 称			单位	消 耗 量	
人工	000203000	综合二类工	工日	0.400	0.200
材料	030107044	膨胀螺栓 钢制 M12	套	4.040	—
机械	873144004	场强仪	台班	0.200	0.100
	870613028	工业用真有效值万用表	台班	0.010	0.010

工作内容： 1. 开箱检查、安装、接电。
2. 本体安装、系统调试、完成自检测试报告。

计量单位： 个

编 号				5-4-89	5-4-90	5-4-91	5-4-92
项 目				分支器、分配器（路）		终端电阻	均衡器衰减器
				8 以下	8 以上		
名 称			单位	消 耗 量			
人工	000203000	综合二类工	工日	0.200	0.140	0.030	0.030
材料	030103072	塑料胀管带螺钉（保温专用）	套	2.500	—	—	—
机械	873144004	场强仪	台班	0.050	0.075	—	0.003

工作内容： 1. 开箱检查、安装、接电。
2. 本体安装、系统调试、完成自检测试报告。

计量单位： 个

编 号				5-4-93	5-4-94
项 目				交互式分配设备安装、调试	
				频段分路器	噪声抑制器、窗口滤波器、窗口陷波器
名 称			单位	消 耗 量	
人工	000203000	综合二类工	工日	0.150	0.100
机械	870613028	工业用真有效值万用表	台班	0.050	0.050

工作内容： 1. 开箱检查、安装、接电。
2. 本体安装、系统调试、完成自检测试报告。　　　　**计量单位：** 见表

编　号				5-4-95	5-4-96	5-4-97	5-4-98
项　目				用户终端机	调试用户终端	调试楼栋放大器	
				变换器、FM 音箱		单向	双向
单　位				个	户	个	
名　称			单位	消　耗　量			
人工	000203000	综合二类工	工日	0.160	0.040	0.050	0.080
机械	873144004	场强仪	台班	—	0.500	0.500	0.500
	870199011	笔记本电脑	台班	—	—	0.500	0.500

七、补 充 项 目

1. 数字电视设备安装、调试

工作内容： 开箱检查、接线、接地、本体安装、软件功能参数设置、系统调试、完成自检测试报告。　　　　**计量单位：** 个

编　号				5-4-99
项　目				集中控制器
名　称			单位	消　耗　量
人工	000203000	综合二类工	工日	1.000
材料	280301006	铜芯塑料绝缘电线 BV-6mm²	m	2.040
	290901004	铜端子 6mm²	个	2.040
机械	873158001	声级计	台班	0.300

2. 终端设备安装、调试

工作内容： 开箱检查、本体安装、系统调试、完成自检测试报告。　　　　**计量单位：** 个

编　号				5-4-100	5-4-101	5-4-102	5-4-103	5-4-104
项　目				可寻址终端控制器安装、调试（有源传输）				集线器
				≤ 10 路	≤ 16 路	≤ 20 路	＞ 20 路	≤ 16 口
名　称			单位	消　耗　量				
人工	000203000	综合二类工	工日	2.000	2.200	2.400	2.500	2.240
材料	052505003	配电板（含开关、保险）	个	（1.000）	（1.000）	（1.000）	（1.000）	—
	850103005	其他材料费	元	1.428	2.040	2.448	3.468	—
机械	873144004	场强仪	台班	0.600	0.800	1.000	1.000	3.000
	873150102	对讲机（一对）	台班	1.000	1.000	1.000	1.000	—
	870613028	工业用真有效值万用表	台班	0.050	0.050	0.050	0.050	—

第五章

音频、视频系统工程

说　明

一、本章内容包括音频系统中的扩声系统工程、公共广播、背景音乐系统工程和视频系统工程。

二、本章不包括设备固定架、支架的制作，其制作应执行第四册《电气设备与线缆安装工程》第四章相应项目。

三、音频、视频系统工程中的服务器、网络设备、软件等项目执行本册第一章相应项目。

四、音频、视频系统工程中的摄像机、镜头、云台等执行本册第六章相应项目。电视墙架、播控台等执行本册第四章相应项目。

五、音频系统的线缆敷设项目参照本章第八节同轴电缆布放相应项目。

六、音频系统在摆放式扬声器、壁挂式或吊装式扬声器安装时，有源扬声器按相应项目人工乘以系数 1.2，有源 DSP 扬声器按相应项目人工乘以系数 1.5。

七、音频、视频系统工程中的 DVI、HDMI、RGB 等矩阵（或切换器、分配器）执行 VGA 安装项目。一体化音视频矩阵（或切换器、分配器）项目同时执行音频矩阵及视频矩阵相应项目。

工程量计算规则

一、扩声系统信号源设备安装中有线传声器、无线传声器应按设计图示数量以“只”为计量单位；无线传声器（多通道）、录放机、数字播放机、DJ 搓盘机安装应按设计图示数量，以“台”为计量单位；跳线盘、接口箱安装应按设计图示数量，以“个”为计量单位。

二、扩声系统调音台、周边设备、功率放大器、电源和会议专用设备安装应按设计图示数量，以“台”为计量单位；扬声器安装应按设计图示数量，以“只”为计量单位。

三、公共广播系统设备安装应按设计图示数量，以“台”为计量单位。

四、扩声系统级间调试应按设计图示数量，以“个”为计量单位。

五、扩声系统、公共广播系统和视频系统的系统调试、系统测量和系统试运行，以“系统”为计量单位。

六、视频系统同轴电缆布放应按电缆设计图示长度，以“m”为计量单位；信号采集设备应按设计图示数量，以“套”为计量单位。

七、视频系统信号处理、显示器和投影仪、录放设备安装应按设计图示数量，以“台”为计量单位；电子白板、卷帘屏幕、硬质银幕、金属幕、背投箱体、拼接控制器、彩色提词器安装应按设计图示数量，以“套”为计量单位；LED 显示屏安装应按设计图示尺寸，以“m^2”为计量单位。

一、扩声系统设备安装

1. 信号源设备

工作内容：开箱检查、接线，本体安装调试等。　　**计量单位：**见表

编号				5-5-1	5-5-2	5-5-3	5-5-4	5-5-5
项目				有线传声器	无线传声器	无线传声器（多通道）	录放机	数字播放机、DJ 搓盘机
单位				只		台		
名称			单位	消耗量				
人工	000203000	综合二类工	工日	0.250	0.350	1.000	0.300	0.100
材料	850103005	其他材料费	元	4.200	4.200	4.200	4.200	4.200
机械	870613028	工业用真有效值万用表	台班	0.050	0.050	0.050	0.050	0.050

工作内容：开箱检查、接线，本体安装调试等。　　**计量单位：**个

编号				5-5-6	5-5-7	5-5-8	5-5-9	5-5-10
项目				跳线盘（路）		接口箱（路）		
				≤ 24	＞ 24	≤ 8	≤ 16	＞ 16
名称			单位	消耗量				
人工	000203000	综合二类工	工日	0.500	0.800	0.500	0.750	1.000
材料	850103005	其他材料费	元	4.200	4.200	4.200	4.200	4.200
机械	870613028	工业用真有效值万用表	台班	0.100	0.100	0.100	0.100	0.100

2. 调音台

工作内容：开箱检查、接线，本体安装调试等。　　**计量单位：**台

编号				5-5-11	5-5-12	5-5-13	5-5-14
项目				自动混音台（路）		模拟调音台（路）	
				≤ 4	≤ 8		≤ 16
名称			单位	消耗量			
人工	000203000	综合二类工	工日	0.500	1.000	0.750	1.750
材料	850103005	其他材料费	元	4.200	4.200	4.200	4.200
机械	870613028	工业用真有效值万用表	台班	0.100	0.100	0.100	0.100

工作内容：开箱检查、接线，本体安装调试等。 **计量单位**：台

编号				5-5-15	5-5-16	5-5-17
项目				模拟调音台（路）		
				≤24	≤32	>32，每增加8
名称			单位	消耗量		
人工	000203000	综合二类工	工日	2.750	3.750	1.000
材料	850103005	其他材料费	元	4.200	4.200	0.610
机械	870613028	工业用真有效值万用表	台班	0.100	0.100	0.100

工作内容：开箱检查、接线，本体安装调试等。 **计量单位**：台

编号				5-5-18	5-5-19	5-5-20	5-5-21	5-5-22
项目				数字调音台（路）				
				≤8	≤16	≤24	≤32	>32，每增加8
名称			单位	消耗量				
人工	000203000	综合二类工	工日	1.500	2.500	3.500	4.500	1.000
材料	850103005	其他材料费	元	4.200	4.200	4.200	4.200	0.610
机械	870199011	笔记本电脑	台班	0.200	0.300	0.400	0.500	0.100
	870613028	工业用真有效值万用表	台班	0.100	0.100	0.100	0.100	0.100

3. 调音台周边设备

工作内容：开箱检查、设备组装、接线、本体安装调试等。 **计量单位**：台

编号				5-5-23	5-5-24	5-5-25
项目				均衡器		
				单31段	双31段	参数均衡器
名称			单位	消耗量		
人工	000203000	综合二类工	工日	0.250	0.500	0.750
材料	850103005	其他材料费	元	4.200	4.200	4.200
机械	870613028	工业用真有效值万用表	台班	0.050	0.050	0.050

工作内容：开箱检查、设备组装、接线、本体安装调试等。 **计量单位**：台

编号				5-5-26	5-5-27	5-5-28
项目				压限器		
				单路压限（含噪声门）	双路压限（含噪声门）	四路压限
名称			单位	消耗量		
人工	000203000	综合二类工	工日	0.250	0.500	1.000
材料	850103005	其他材料费	元	4.200	4.200	4.200
机械	870613028	工业用真有效值万用表	台班	0.050	0.050	0.050

工作内容：开箱检查、设备组装、接线、本体安装调试等。 **计量单位**：台

编号				5-5-29	5-5-30	5-5-31	5-5-32	5-5-33	5-5-34
项目				延时器		音频分配放大器		音频切换器	
				1进2出	2进6出	1×4	1×8	4×1	8×1
名称			单位	消耗量					
人工	000203000	综合二类工	工日	0.400	1.000	0.500	1.000	0.500	1.000
材料	850103005	其他材料费	元	4.200	4.200	4.200	4.200	4.200	4.200
机械	870613028	工业用真有效值万用表	台班	0.050	0.050	0.050	0.050	0.050	0.050

工作内容：开箱检查、设备组装、接线、本体安装调试等。 **计量单位**：台

编号				5-5-35	5-5-36	5-5-37	5-5-38
项目				音频矩阵			
				4×4	8×4	8×8	>16，每增加4
名称			单位	消耗量			
人工	000203000	综合二类工	工日	0.650	0.975	1.300	0.325
材料	850103005	其他材料费	元	4.200	4.200	4.200	4.200
机械	870613028	工业用真有效值万用表	台班	0.050	0.050	0.050	0.050

工作内容：开箱检查、设备组装、接线、本体安装调试等。 **计量单位**：台

编号				5-5-39	5-5-40	5-5-41	5-5-42	5-5-43
项目				效果器	分频器		滤波器	
					二分频	三分频	单通道 1×24	双通道 2×24
名称			单位	消耗量				
人工	000203000	综合二类工	工日	0.500	0.400	0.500	0.250	0.500
材料	850103005	其他材料费	元	4.200	4.200	4.200	4.200	4.200
机械	870613028	工业用真有效值万用表	台班	0.050	0.050	0.050	0.050	0.050

工作内容：开箱检查、设备组装、接线、本体安装调试等。 **计量单位**：台

编号				5-5-44	5-5-45	5-5-46	5-5-47
项目				反馈抑制器			激励器
				Ⅰ型	Ⅱ型	Ⅲ型	
名称			单位	消耗量			
人工	000203000	综合二类工	工日	0.400	0.250	0.500	0.500
材料	850103005	其他材料费	元	4.200	4.200	4.200	4.200
机械	870613028	工业用真有效值万用表	台班	0.050	0.050	0.050	0.050

注：Ⅰ型——反馈抑制器插在调音台话筒输入端，8组滤波器，20Bit，1/5机柜宽度。
Ⅱ型——单通道，12组窄波限波器，20Bit，模数转换。
Ⅲ型——双通道，2×12组窄波限波器，20Bit，模数转换。

工作内容：开箱检查、设备组装、接线、本体安装调试等。 **计量单位：**台

编号				5-5-48	5-5-49	5-5-50	5-5-51	5-5-52
项目				数字音频处理器（路）				
				≤ 8	≤ 16	≤ 24	≤ 32	> 32 路，每增加 8
名称			单位	消耗量				
人工	000203000	综合二类工	工日	1.000	1.750	2.500	3.250	0.750
材料	850103005	其他材料费	元	4.200	4.200	4.200	4.200	4.200
机械	870199011	笔记本电脑	台班	0.200	0.300	0.400	0.500	0.100
	870613028	工业用真有效值万用表	台班	0.050	0.050	0.050	0.050	0.050

工作内容：开箱检查、设备组装、接线、本体安装调试等。 **计量单位：**个

编号				5-5-53	5-5-54	5-5-55	5-5-56	5-5-57	5-5-58
项目				音频跳线制作	音频跳线安装	卡侬插头	卡侬插座	大三芯插头	音箱接头
名称			单位	消耗量					
人工	000203000	综合二类工	工日	0.120	0.030	0.100	0.100	0.120	0.150
材料	264615002	大三芯插头	个	—	—	—	—	（1.010）	—
	290634008	电缆线接头	个	—	—	—	—	—	（1.010）
	280001012	音频导线	条	（1.000）	—	—	—	—	—
	181600001	接头（综合）	个	（2.020）	—	—	—	—	—
	264615003	卡侬插头	个	—	—	（1.010）	—	—	—
	264111006	三相四孔插座 15A	个	—	—	—	（1.010）	—	—
	850103005	其他材料费	元	0.510	0.510	0.450	0.450	0.450	0.450
机械	870613028	工业用真有效值万用表	台班	0.020	0.020	0.020	0.020	0.020	0.020

4. 功率放大器

工作内容：开箱检查、接线、本体安装、参数设置、调试等。 **计量单位：**台

编号				5-5-59	5-5-60	5-5-61	5-5-62
项目				双路	四路	双路（含 DSP 处理功能）	四路（含 DSP 处理功能）
名称			单位	消耗量			
人工	000203000	综合二类工	工日	0.600	0.720	0.700	0.800
材料	850103005	其他材料费	元	4.200	4.200	4.200	4.200
机械	870199011	笔记本电脑	台班	—	—	0.200	0.400
	870613028	工业用真有效值万用表	台班	0.050	0.050	0.050	0.050

5. 扬　声　器

工作内容： 开箱检查、划线定位、接线、本体安装调试等。　　**计量单位：** 只

编　号				5-5-63	5-5-64	5-5-65	5-5-66	5-5-67
项　目				吸顶扬声器		摆放式扬声器（质量 kg）		
				安装孔（直径 mm）		≤ 25	≤ 50	> 50
				≤ 200	> 200			
名　称			单位	消　耗　量				
人工	000203000	综合二类工	工日	0.350	0.450	0.300	0.450	0.900
材料	850103005	其他材料费	元	4.200	4.200	4.200	4.200	4.200
机械	870613028	工业用真有效值万用表	台班	0.050	0.050	0.050	0.050	0.050
	990422010	手动液压叉车	台班	—	—	0.060	0.090	0.180

工作内容： 开箱检查、划线定位、接线、本体安装调试等。　　**计量单位：** 只

编　号				5-5-68	5-5-69	5-5-70	5-5-71
项　目				壁挂式或吊装式扬声器（质量 kg）			园林草地扬声器
				≤ 25	≤ 50	> 50	
名　称			单位	消　耗　量			
人工	000203000	综合二类工	工日	0.250	0.375	0.500	0.200
材料	030501001	保险链	条	（1.000）	（2.000）	（4.000）	—
	850103005	其他材料费	元	4.200	4.200	4.200	4.200
机械	990512010	平台作业升降车 9m	台班	0.200	0.200	0.200	—
	990422010	手动液压叉车	台班	0.200	0.300	0.400	—
	870613028	工业用真有效值万用表	台班	0.050	0.050	0.050	0.050

工作内容： 开箱检查、划线定位、接线、本体安装调试等。　　**计量单位：** 只

编　号				5-5-72	5-5-73	5-5-74	5-5-75
项　目				线阵列扬声器系统			
				≤ 6″	≤ 10″	≤ 15″	> 15″
名　称			单位	消　耗　量			
人工	000203000	综合二类工	工日	0.375	0.750	1.000	1.250
材料	850103005	其他材料费	元	4.200	4.200	4.200	4.200
机械	990512010	平台作业升降车 9m	台班	0.500	0.500	1.000	1.000
	990422010	手动液压叉车	台班	0.300	0.500	0.500	0.500
	870613028	工业用真有效值万用表	台班	0.050	0.050	0.050	0.050
	870199011	笔记本电脑	台班	0.200	0.200	0.200	0.200

6. 电　源

工作内容： 开箱检查、接线，本体安装调试等。　　**计量单位：** 台

编　号				5-5-76
项　目				时序电源控制器
名　称			单位	消　耗　量
人工	000203000	综合二类工	工日	0.500
材料	850103005	其他材料费	元	4.200
机械	870613028	工业用真有效值万用表	台班	0.050

7. 会议专用设备

工作内容： 开箱检查、接线，本体安装调试等。　　**计量单位：** 台

编　号				5-5-77	5-5-78	5-5-79	5-5-80	5-5-81
项　目				会议主控机	主席机、代表机		表决单元	多语种译员机
					移动式	嵌入式		
名　称			单位	消　耗　量				
人工	000203000	综合二类工	工日	1.000	0.250	0.500	0.250	1.000
材料	850103005	其他材料费	元	4.200	4.200	4.200	4.200	4.200
机械	870613028	工业用真有效值万用表	台班	0.200	0.200	0.200	0.200	0.200

工作内容： 开箱检查、接线，本体安装调试等。　　**计量单位：** 台

编　号				5-5-82	5-5-83	5-5-84	5-5-85	5-5-86
项　目				译员话筒	译员耳机	红外发射机	红外辐射板	红外接收机
名　称			单位	消　耗　量				
人工	000203000	综合二类工	工日	0.200	0.050	0.100	1.500	0.100
材料	850103005	其他材料费	元	4.200	4.200	4.200	4.200	4.200
机械	870613028	工业用真有效值万用表	台班	0.200	—	0.200	—	0.200

工作内容： 开箱检查、接线，本体安装调试等。　　**计量单位：** 台

编　号				5-5-87	5-5-88	5-5-89	5-5-90	5-5-91
项　目				红外接收机充电器	电子通道选择器	音频媒体接口机	席位扩展单元	会议专用主控 PC 机
名　称			单位	消　耗　量				
人工	000203000	综合二类工	工日	0.050	0.150	0.300	0.050	1.200
材料	850103005	其他材料费	元	4.200	4.200	4.200	4.200	4.200
机械	870613028	工业用真有效值万用表	台班	—	—	0.100	—	—

二、扩声系统调试

1. 扩声系统级间调试

工作内容：系统级间调试、参数调整、功能预调等。 **计量单位：**个

编号				5-5-92
项目				设备使用功能数
名称			单位	消耗量
人工	000303000	综合三类工	工日	0.375
机械	871634161	2 通道建筑声学测量仪	台班	0.200
	873110003	标准信号发生器	台班	0.200
	873158001	声级计	台班	0.200
	873150102	对讲机（一对）	台班	0.300

2. 系统调试

工作内容：整套系统联调、技术参数确定、功能测试、完成系统调测报告。 **计量单位：**系统

编号				5-5-93	5-5-94	5-5-95
项目				系统调试		
				语言系统	多功能系统	演出系统
名称			单位	消耗量		
人工	000303000	综合三类工	工日	80.000	100.000	120.000
机械	871634161	2 通道建筑声学测量仪	台班	8.000	10.000	12.000
	873110003	标准信号发生器	台班	8.000	10.000	12.000
	873158001	声级计	台班	8.000	10.000	12.000
	870199011	笔记本电脑	台班	8.000	10.000	12.000
	870613028	工业用真有效值万用表	台班	2.000	2.000	4.000
	873150102	对讲机（一对）	台班	15.000	15.000	15.000
	871122006	智能型光导抗干扰介损测量仪	台班	4.000	4.000	4.000
	870199013	宽行打印机	台班	1.000	1.000	1.000

三、扩声系统测量

工作内容： 测量扩声系统的电声性能，完成测量报告。 **计量单位：** 系统

编号				5-5-96	5-5-97	5-5-98	5-5-99	5-5-100
项目				扩声系统测量				
				最大声压级、传输频率特性	传声增益	声场不均匀度	总噪声级	语言传输指数
名称			单位	消耗量				
人工	000303000	综合三类工	工日	1.000	2.000	1.500	1.000	1.250
机械	873158001	声级计	台班	1.000	1.000	—	1.000	—
	870613032	真有效值数据存储型万用表	台班	—	—	1.000	—	—
	873158009	STIPA 测试仪	台班	—	—	—	—	1.500
	870199011	笔记本电脑	台班	1.000	1.000	1.000	1.000	1.000
	873150102	对讲机（一对）	台班	1.000	1.000	1.000	1.000	1.000

四、扩声系统试运行

工作内容： 进行试运行、完成试运行报告等。 **计量单位：** 系统

编号				5-5-101	5-5-102	5-5-103
项目				系统试运行		
				语言系统	多功能系统	演出系统
名称			单位	消耗量		
人工	000303000	综合三类工	工日	60.000	60.000	60.000
机械	870613032	真有效值数据存储型万用表	台班	20.000	20.000	20.000
	873158001	声级计	台班	20.000	20.000	20.000
	873158009	STIPA 测试仪	台班	20.000	20.000	20.000
	870199011	笔记本电脑	台班	20.000	20.000	20.000
	873150102	对讲机（一对）	台班	20.000	20.000	20.000

五、公共广播系统设备安装

工作内容：开箱检查、接线，本体安装调试等。 计量单位：台

编号				5-5-104	5-5-105	5-5-106	5-5-107	5-5-108
项目				一体化公共广播主机	分区寻址公共广播主机	网络化公共广播主机	分区器	监听器、强插器、线路检测器
名称			单位	消耗量				
人工	000303000	综合三类工	工日	0.750	1.250	2.000	0.100	0.400
材料	850103005	其他材料费	元	4.200	4.200	4.200	4.200	4.200
机械	870199011	笔记本电脑	台班	0.200	0.200	0.400	—	—
机械	870613028	工业用真有效值万用表	台班	0.200	0.200	0.300	0.050	0.100

工作内容：开箱检查、接线，本体安装调试等。 计量单位：台

编号				5-5-109	5-5-110	5-5-111	5-5-112
项目				可编程定时器、主备切换器、警报信号发生器、市话接口设备	突发公共事件接口设备	可寻址广播终端、网络化广播终端	简易寻呼台站
名称			单位	消耗量			
人工	000303000	综合三类工	工日	0.600	1.000	0.800	0.500
材料	850103005	其他材料费	元	4.200	4.200	4.200	4.200
机械	870613028	工业用真有效值万用表	台班	0.100	0.200	0.100	0.100

工作内容：开箱检查、接线，本体安装调试等。 计量单位：台

编号				5-5-113	5-5-114	5-5-115	5-5-116
项目				可编程寻呼台站	音控器	模块	调谐器、前置放大器
名称			单位	消耗量			
人工	000303000	综合三类工	工日	0.800	0.100	0.100	0.200
材料	850103005	其他材料费	元	4.200	4.200	4.810	4.200
机械	870613028	工业用真有效值万用表	台班	0.100	0.030	0.030	0.030

六、公共广播系统调试

1. 分 区 试 响

工作内容：系统调试、功能技术参数设置、试响广播分区内的每一个广播扬声器等。 **计量单位：**系统

编　号				5-5-117	5-5-118	5-5-119
项　目				扬声器数量（个）		
				10 以下	50 以下	50 以上，每增加 5
名　称			单位	消　耗　量		
人工	000303000	综合三类工	工日	2.000	3.500	0.400
机械	873110003	标准信号发生器	台班	1.000	1.500	0.200
	870613028	工业用真有效值万用表	台班	0.200	1.000	0.050
	873150102	对讲机（一对）	台班	1.000	2.000	0.100

2. 应备功能调试

工作内容：对整个广播系统的应备功能进行调试、完成测试报告等。 **计量单位：**系统

编　号				5-5-120	5-5-121	5-5-122
项　目				紧急广播		
				三级系统	二级系统	一级系统
名　称			单位	消　耗　量		
人工	000303000	综合三类工	工日	3.500	7.000	15.000
机械	870199011	笔记本电脑	台班	1.000	1.000	3.000
	873150102	对讲机（一对）	台班	1.000	2.000	3.500

工作内容：对整个广播系统的应备功能进行调试、完成测试报告等。 **计量单位：**系统

编　号				5-5-123	5-5-124	5-5-125
项　目				背景广播		
				三级系统	二级系统	一级系统
名　称			单位	消　耗　量		
人工	000303000	综合三类工	工日	0.500	4.000	10.000
机械	870199011	笔记本电脑	台班	0.400	1.000	3.000
	873150102	对讲机（一对）	台班	0.400	2.000	3.500

工作内容：对整个广播系统的应备功能进行调试、完成测试报告等。　　　　**计量单位**：系统

编　号				5-5-126	5-5-127	5-5-128
项　目				业务广播		
				三级系统	二级系统	一级系统
名　称			单位	消　耗　量		
人工	000303000	综合三类工	工日	0.500	9.000	10.000
机械	870199011	笔记本电脑	台班	0.400	1.000	3.000
	873150102	对讲机（一对）	台班	0.400	2.000	3.500

3. 分区电声性能测量

工作内容：测量公共广播系统的电声性能、完成测试报告等。　　　　**计量单位**：系统

编　号				5-5-129	5-5-130	5-5-131	5-5-132	5-5-133	5-5-134
项　目				应备声压级测量（测试点个）			室内声场均匀度测量（测试点个）		
				≤ 10	≤ 50	> 50，每增加5个	≤ 10	≤ 50	> 50，每增加5个
名　称			单位	消　耗　量					
人工	000303000	综合三类工	工日	6.000	12.000	1.000	4.000	8.000	0.800
机械	873158001	声级计	台班	1.000	1.000	0.800	1.000	1.000	0.600
	870199011	笔记本电脑	台班	1.000	1.000	0.800	1.000	1.000	0.600
	873150102	对讲机（一对）	台班	1.000	1.000	0.800	1.000	1.000	0.600
	870199013	宽行打印机	台班	0.300	0.300	0.300	0.300	0.300	0.300
	870613032	真有效值数据存储型万用表	台班	1.000	1.000	0.800	1.000	1.000	0.600

工作内容：测量公共广播系统的电声性能、完成测试报告等。　　　　**计量单位**：系统

编　号				5-5-135	5-5-136	5-5-137	5-5-138	5-5-139	5-5-140
项　目				室内传输频率特性测量（测试点个）			系统设备信噪比测量		
							分区数量（个）		
				≤ 10	≤ 50	> 50，每增加5个	≤ 10	≤ 50	> 50，每增加5个
名　称			单位	消　耗　量					
人工	000303000	综合三类工	工日	8.000	16.000	1.600	2.000	4.000	0.400
机械	873158001	声级计	台班	1.000	1.000	1.000	1.000	1.000	0.200
	873158009	STIPA 测试仪	台班	—	—	—	1.000	1.000	0.200
	870199011	笔记本电脑	台班	1.000	1.000	1.000	1.000	1.000	0.200
	873150102	对讲机（一对）	台班	1.000	1.000	1.000	1.000	1.000	0.200
	870199013	宽行打印机	台班	0.300	0.300	0.300	0.300	0.300	0.100
	870613032	真有效值数据存储型万用表	台班	1.000	1.000	1.000	1.000	1.000	0.200

工作内容：测量公共广播系统的电声性能、完成测试报告等。 **计量单位：**系统

编号				5-5-141	5-5-142	5-5-143	5-5-144	5-5-145	5-5-146
项目				扩声系统语言传输指数测量			漏出声衰减测量		
				分区数量（个）					
				≤ 10	≤ 50	> 50 每增 5 个	≤ 10	≤ 50	> 50 每增 5 个
名称			单位	消耗量					
人工	000303000	综合三类工	工日	8.000	16.000	1.600	6.000	12.000	1.000
机械	870613032	真有效值数据存储型万用表	台班	1.500	1.500	1.000	1.000	1.000	0.800
	873158001	声级计	台班	1.500	1.500	1.000	1.000	1.000	0.800
	873158009	STIPA 测试仪	台班	1.500	1.500	1.000	1.000	1.000	0.800
	870199011	笔记本电脑	台班	1.500	1.500	1.000	1.000	1.000	0.800
	873150102	对讲机（一对）	台班	1.500	1.500	1.000	1.000	1.000	0.800
	870199013	宽行打印机	台班	0.300	0.300	0.300	0.300	0.300	0.300

4. 分区电声性能指标调试

工作内容：功能技术参数设置、调试。 **计量单位：**系统

编号				5-5-147	5-5-148	5-5-149
项目				电声性能指标调试 三级系统	电声性能指标调试 二级系统	电声性能指标调试 一级系统
名称			单位	消耗量		
人工	000303000	综合三类工	工日	6.500	6.500	6.500
机械	870613032	真有效值数据存储型万用表	台班	1.000	1.000	1.000
	873158001	声级计	台班	1.000	1.000	1.000
	873158009	STIPA 测试仪	台班	1.000	1.000	1.000
	870199011	笔记本电脑	台班	1.000	1.000	1.000
	873150102	对讲机（一对）	台班	2.000	2.000	2.000

七、公共广播系统试运行

工作内容：进行试运行、完成试运行报告等。 **计量单位：**系统

编号				5-5-150
项目				系统试运行
名称			单位	消耗量
人工	000303000	综合三类工	工日	60.000
机械	870613032	真有效值数据存储型万用表	台班	4.000
	873158001	声级计	台班	4.000
	873158009	STIPA 测试仪	台班	4.000
	870199011	笔记本电脑	台班	4.000
	873150102	对讲机（一对）	台班	10.000

八、视频系统设备安装工程

1. 同轴电缆布放

工作内容：检验、抽测电缆、清理管道/桥架、布放、绑扎电缆、封堵出口等。 **计量单位：**m

编号				5-5-151	5-5-152	5-5-153	5-5-154
项目				管内穿放视频同轴电缆		沿桥架敷设视频同轴电缆	
				≤ $\phi 9$	> $\phi 9$	≤ $\phi 9$	> $\phi 9$
名称			单位	消耗量			
人工	000203000	综合二类工	工日	0.008	0.011	0.010	0.013
材料	282901002	同轴电缆	m	（1.010）	（1.010）	（1.010）	（1.010）
	850103005	其他材料费	元	0.030	0.030	0.030	0.030
机械	873150102	对讲机（一对）	台班	0.003	0.003	0.003	0.003

2. 信号采集设备安装

工作内容：开箱检查、接线、本体安装、参数设置、调试等。 **计量单位：**套

编号				5-5-155	5-5-156
项目				流媒体直播机	流媒体直播/录制机
名称			单位	消耗量	
人工	000203000	综合二类工	工日	3.000	4.000
材料	850103005	其他材料费	元	4.200	4.200
机械	870199011	笔记本电脑	台班	1.000	1.000

3. 信号处理设备安装

工作内容： 开箱检查、接线、接地、本体安装调试等。　　**计量单位：** 台

编　号				5-5-157	5-5-158	5-5-159	5-5-160
项　目				视频矩阵（路）			
				4×4	8×4	8×8	>16，每增加4
名　称			单位	消　耗　量			
人工	000203000	综合二类工	工日	1.000	1.500	2.000	0.500
材料	280301006	铜芯塑料绝缘电线 BV-6mm^2	m	2.040	2.040	2.040	—
	290901004	铜端子 6mm^2	个	2.040	2.040	2.040	—
	850103005	其他材料费	元	4.200	4.200	4.200	—
机械	870199011	笔记本电脑	台班	0.800	1.000	1.500	0.500
	870613028	工业用真有效值万用表	台班	0.300	0.300	0.400	0.100

工作内容： 开箱检查、接线、接地、本体安装调试等。　　**计量单位：** 台

编　号				5-5-161	5-5-162	5-5-163	5-5-164
项　目				VGA/DVI 矩阵（路）			
				4×4	8×4	8×8	>16，每增加4
名　称			单位	消　耗　量			
人工	000203000	综合二类工	工日	2.500	3.750	5.000	1.250
材料	280301006	铜芯塑料绝缘电线 BV-6mm^2	m	2.040	2.040	2.040	—
	290901004	铜端子 6mm^2	个	2.040	2.040	2.040	—
	850103005	其他材料费	元	4.200	4.200	4.200	—
机械	870199011	笔记本电脑	台班	0.800	1.000	1.500	0.500
	870613028	工业用真有效值万用表	台班	0.200	0.300	0.400	0.100

工作内容： 开箱检查、接线、接地、本体安装调试等。　　**计量单位：** 台

编　号				5-5-165	5-5-166	5-5-167	5-5-168
项　目				视频分配放大器		VGA 分配放大器	
				1×4	1×8	1×4	1×8
名　称			单位	消　耗　量			
人工	000203000	综合二类工	工日	0.500	0.750	1.500	2.800
材料	280301006	铜芯塑料绝缘电线 BV-6mm^2	m	2.040	2.040	2.040	2.040
	290901004	铜端子 6mm^2	个	2.040	2.040	2.040	2.040
	850103005	其他材料费	元	4.200	4.200	4.200	4.200
机械	870199011	笔记本电脑	台班	0.500	0.500	0.500	0.500
	870613028	工业用真有效值万用表	台班	0.100	0.100	0.100	0.100

工作内容：开箱检查、接线、接地、本体安装调试等。　　　　计量单位：台

编　号				5-5-169	5-5-170	5-5-171	5-5-172
项　目				视频切换器		VGA 切换器	
				4×1	8×1	4×1	8×1
名　称			单位	消　耗　量			
人工	000203000	综合二类工	工日	0.500	0.750	1.500	2.500
材料	280301006	铜芯塑料绝缘电线 BV-6mm^2	m	2.040	2.040	2.040	2.040
	290901004	铜端子 6mm^2	个	2.040	2.040	2.040	2.040
	850103005	其他材料费	元	4.200	4.200	4.200	4.200
机械	870199011	笔记本电脑	台班	0.500	0.500	0.500	0.500
	870613028	工业用真有效值万用表	台班	0.100	0.100	0.100	0.100

工作内容：开箱检查、接线、接地、本体安装调试等。　　　　计量单位：台

编　号				5-5-173	5-5-174	5-5-175
项　目				转换器	多功能转换器	融合器
名　称			单位	消　耗　量		
人工	000203000	综合二类工	工日	0.250	0.350	0.500
材料	280301006	铜芯塑料绝缘电线 BV-6mm^2	m	2.040	2.040	2.040
	290901004	铜端子 6mm^2	个	2.040	2.040	2.040
	850103005	其他材料费	元	4.400	4.400	4.400
机械	870613028	工业用真有效值万用表	台班	0.100	0.100	0.100

工作内容：开箱检查、接线、接地、本体安装调试等。　　　　计量单位：台

编　号				5-5-176	5-5-177	5-5-178	5-5-179
项　目				图像处理器	特技机	多点控制器 MCU（单点）	会议终端
名　称			单位	消　耗　量			
人工	000203000	综合二类工	工日	2.000	3.000	2.400	0.800
材料	280301006	铜芯塑料绝缘电线 BV-6mm^2	m	2.040	2.040	2.040	2.040
	290901004	铜端子 6mm^2	个	2.040	2.040	2.040	2.040
	850103005	其他材料费	元	4.400	4.610	4.610	4.610
机械	870199011	笔记本电脑	台班	1.500	—	—	—
	870613028	工业用真有效值万用表	台班	0.100	0.400	0.100	0.100

4. 显示设备

工作内容：开箱检查、定位划线、接线、本体安装、参数设置、调试等。 **计量单位：**台

编号				5-5-180	5-5-181	5-5-182	5-5-183
项目				显示器			
				摆放		壁挂或悬挂	
				≤ 50″	> 50″	≤ 50″	> 50″
名称			单位	消耗量			
人工	000203000	综合二类工	工日	0.800	1.500	1.300	2.600
材料	850103005	其他材料费	元	4.200	4.200	4.200	4.200
机械	990422010	手动液压叉车	台班	—	0.300	—	0.500
	990512010	平台作业升降车 9m	台班	—	—	0.500	0.500
	870613028	工业用真有效值万用表	台班	0.200	0.200	0.200	0.200

工作内容：开箱检查、定位划线、接线、本体安装、参数设置、调试等。 **计量单位：**台

编号				5-5-184	5-5-185	5-5-186	5-5-187
项目				投影仪			
				摆放式		吊装式	
				≤ 5000	> 5000	≤ 5000	> 5000
名称			单位	消耗量			
人工	000203000	综合二类工	工日	0.300	0.500	0.800	1.000
材料	300199001	监视器吊架	台	—	—	（1.000）	（1.000）
	850103005	其他材料费	元	4.200	4.200	4.200	4.200

工作内容：开箱检查、定位划线、接线、本体安装、参数设置、调试等。 **计量单位：**套

编号				5-5-188	5-5-189	5-5-190	5-5-191	5-5-192	5-5-193
项目				电子白板	卷帘屏幕		软幕	硬质银幕、金属幕	
					≤ 120″	> 120″		≤ 100″	> 100″
名称			单位	消耗量					
人工	000203000	综合二类工	工日	2.000	2.000	4.000	2.000	1.500	4.000
材料	850103005	其他材料费	元	4.200	4.200	4.200	4.200	4.200	4.200
机械	870199011	笔记本电脑	台班	1.000	—	—	—	—	—
	870613028	工业用真有效值万用表	台班	0.050	—	—	—	—	—

工作内容：开箱检查、定位划线、接线、本体安装、参数设置、调试等。 **计量单位**：套

编号				5-5-194	5-5-195	5-5-196
项目				背投箱体		
				≤80″	≤120″	>120″
名称			单位	消耗量		
人工	000203000	综合二类工	工日	3.000	6.000	8.000
材料	850103005	其他材料费	元	4.200	4.200	4.200
机械	870199011	笔记本电脑	台班	1.000	1.500	2.000

工作内容：开箱检查、定位划线、接线、本体安装、参数设置、调试等。 **计量单位**：见表

编号				5-5-197	5-5-198	5-5-199	5-5-200	5-5-201	5-5-202
项目				拼接控制器（输入+输出）			拼接卡	拼接屏	
				≤16路	≤32路	>32路		50″以下	50″以上
单位				套			个	台	
名称			单位	消耗量					
人工	000203000	综合二类工	工日	4.000	6.000	8.000	0.500	1.500	2.000
材料	850103005	其他材料费	元	4.200	4.200	4.200	4.200	4.200	4.200
机械	870199011	笔记本电脑	台班	2.000	3.500	3.500	0.200	0.500	0.500

工作内容：开箱检查、定位划线、接线、本体安装、参数设置、调试等。 **计量单位**：见表

编号				5-5-203	5-5-204	5-5-205	5-5-206
项目				LED显示屏（壁挂、吊装）			提词器
				室内		室外	
				双基色	全彩	室外全彩、双基色	
单位				m^2			套
名称			单位	消耗量			
人工	000203000	综合二类工	工日	1.500	2.250	2.500	0.500
材料	850103005	其他材料费	元	4.200	4.200	4.200	—
机械	990512010	平台作业升降车 9m	台班	0.050	0.050	0.050	—
	870199011	笔记本电脑	台班	0.300	0.300	0.300	0.200
	873150102	对讲机（一对）	台班	—	—	0.500	—
	870613028	工业用真有效值万用表	台班	0.050	0.050	0.050	—

5. 录放设备和跳线安装

工作内容： 量裁线缆、线缆与插头的安装焊接、测试等。 **计量单位：** 见表

编号				5-5-207	5-5-208	5-5-209	5-5-210	5-5-211	5-5-212
项目				录像机/放像机	放像机	视频跳线制作	视频跳线安装	BNC插头	VGA插头
单位				台		条		个	
名称			单位	消耗量					
人工	000203000	综合二类工	工日	2.000	1.000	0.100	0.050	0.120	0.190
材料	282901002	同轴电缆	m	—	—	（1.000）	—	—	—
	290725002	同轴电缆终端接头及附件	套	—	—	（2.020）	—	—	—
	264617002	BNC-50KY 插头、插座	套	—	—	—	—	（1.010）	—
	264500002	插头	个	—	—	—	—	—	（1.010）
	850103005	其他材料费	元	4.200	4.200	0.510	0.510	0.450	0.450
机械	870613028	工业用真有效值万用表	台班	—	—	0.020	0.020	0.020	0.060

6. 视频系统设备调试

工作内容： 整套系统联调、功能测试、完成系统调测报告。 **计量单位：** 系统

编号				5-5-213	5-5-214
项目				视频系统设备调试	
				信号通道数（个）	
				≤20	＞20，每增加 5
名称			单位	消耗量	
人工	000303000	综合三类工	工日	15.000	1.200
机械	870125001	彩色监视器	台班	3.500	0.500
	870199011	笔记本电脑	台班	5.000	1.000
	870613028	工业用真有效值万用表	台班	5.000	1.000
	873150102	对讲机（一对）	台班	5.000	1.000

7. 视频系统测量

工作内容：测量视频系统的性能，完成测试报告。　　　　**计量单位：**系统

编号				5-5-215	5-5-216	5-5-217	5-5-218	5-5-219
项目				显示屏测量指标				
				图像清晰度、对比度、视角	亮度	亮度均匀性	色度不均匀性	换帧频率（LED）、刷新频率
名称			单位	消耗量				
人工	000303000	综合三类工	工日	0.200	0.400	1.000	1.000	0.400
机械	871119045	彩色亮度计	台班	0.100	0.200	0.500	—	—
	873110045	电视信号发生器	台班	0.100	0.200	0.500	0.500	—
	871119057	色度计	台班	—	—	—	0.500	—
	873148001	示波器	台班	—	—	—	—	0.200

工作内容：测量视频系统的性能，完成测试报告。　　　　**计量单位：**系统

编号				5-5-220	5-5-221	5-5-222	5-5-223	5-5-224
项目				显示屏测量指标				
				像素失控率（LED）	色域覆盖率（LED）	信噪比	通断比（LED）	灰度等级
名称			单位	消耗量				
人工	000303000	综合三类工	工日	1.000	0.400	0.200	0.200	0.200
机械	871119057	色度计	台班	—	0.200	—	—	—
	873154001	视频分析仪	台班	—	—	0.100	—	—
	871119045	彩色亮度计	台班	—	—	—	0.100	—
	873110045	电视信号发生器	台班	0.500	0.200	0.100	0.100	0.100

工作内容：测量视频系统的性能，完成测试报告。　　　　**计量单位：**系统

编号				5-5-225	5-5-226
项目				显示屏测量指标	
				平整度	图像拼接误差
名称			单位	消耗量	
人工	000303000	综合三类工	工日	0.400	0.500
机械	873110045	电视信号发生器	台班	—	0.200

8. 视频系统试运行

工作内容：进行试运行、完成试运行报告等。 **计量单位：**系统

编 号				5-5-227
项 目				系统试运行
名 称			单位	消 耗 量
人工	000303000	综合三类工	工日	60.000
机械	870125001	彩色监视器	台班	10.000
	870199011	笔记本电脑	台班	20.000
	870613028	工业用真有效值万用表	台班	10.000
	873150102	对讲机（一对）	台班	20.000

九、补 充 项 目

1. 紧急电源（充电器）

工作内容：开箱检查、接线，本体安装调试等。 **计量单位：**台

编 号				5-5-228
项 目				紧急电源（充电器）
名 称			单位	消 耗 量
人工	000203000	综合二类工	工日	0.200
机械	870613028	工业用真有效值万用表	台班	0.030

第六章

安全防范系统工程

说　明

一、本章内容包括入侵探测、出入口控制、巡更、电视监控、安全检查、停车场管理等设备安装工程。

二、安全防范系统工程中的显示装置等项目执行本册第五章相应项目。

三、安全防范系统工程中的服务器、网络设备、工作站、软件、存储设备等项目执行本册第一章相应项目。跳线制作、安装等项目执行本册第二章相应项目。

四、有关场地电气安装工程项目执行第四册《电气设备与线缆安装工程》相应项目。

工程量计算规则

一、入侵探测设备安装、调试应按设计图示数量，以“套”为计量单位。
二、报警信号接收机安装、调试，以“系统”为计量单位。
三、出入口控制设备安装、调试应按设计图示数量，以“台”为计量单位。
四、巡更设备安装、调试应按设计图示数量，以“套”为计量单位。
五、电视监控设备安装、调试应按设计图示数量，以“台”为计量单位。
六、防护罩安装应按设计图示数量，以“套”为计量单位。
七、摄像机支架安装应按设计图示数量，以“套”为计量单位。
八、安全检查设备安装应按设计图示数量，以“台”或“套”为计量单位。
九、停车场管理设备安装应按设计图示数量，以“台”为计量单位。
十、安全防范分系统调试及系统工程试运行，均以“系统”为计量单位。

一、入侵探测设备安装、调试

1. 入侵探测器

工作内容： 开箱检查、设备组装、检查基础、划线、定位、接线、本体安装调试。 **计量单位：** 套

编号				5-6-1	5-6-2	5-6-3	5-6-4
项目				门磁、窗磁开关		紧急脚踏开关	
				有线	无线	有线	无线
名称			单位	消耗量			
人工	000203000	综合二类工	工日	0.150	0.130	0.105	0.091
材料	850103005	其他材料费	元	4.370	4.370	4.370	4.370
机械	870613028	工业用真有效值万用表	台班	0.050	—	0.050	—

工作内容： 开箱检查、设备组装、检查基础、划线、定位、接线、本体安装调试。 **计量单位：** 见表

编号				5-6-5	5-6-6	5-6-7
项目				紧急手动开关		主动红外探测器
				有线	无线	
单位				套		对
名称			单位	消耗量		
人工	000203000	综合二类工	工日	0.105	0.084	0.900
材料	850103005	其他材料费	元	4.370	4.370	4.370
机械	870613028	工业用真有效值万用表	台班	0.050	0.050	0.050

工作内容： 开箱检查、设备组装、检查基础、划线、定位、接线、本体安装调试。 **计量单位：** 套

编号				5-6-8	5-6-9	5-6-10
项目				被动红外探测器		红外幕帘探测器
				有线	无线	
名称			单位	消耗量		
人工	000203000	综合二类工	工日	0.480	0.420	0.900
材料	850103005	其他材料费	元	4.370	4.370	4.370
机械	870613028	工业用真有效值万用表	台班	0.050	—	0.050

工作内容：开箱检查、设备组装、检查基础、划线、定位、接线、本体安装调试。 **计量单位：**套

编号				5-6-11	5-6-12	5-6-13	5-6-14
项目				多技术复合探测器			微波探测器
				吸顶	壁装	长距离	
名称			单位	消耗量			
人工	000203000	综合二类工	工日	0.900	1.080	1.200	0.600
材料	850103005	其他材料费	元	4.370	4.370	4.370	4.370
机械	870613028	工业用真有效值万用表	台班	0.050	0.050	0.050	0.050

工作内容：开箱检查、设备组装、检查基础、划线、定位、接线、本体安装调试。 **计量单位：**见表

编号				5-6-15	5-6-16	5-6-17
项目				微波墙式探测器	超声波探测器、玻璃破碎探测器	激光探测器（一收、一发）
				对	套	
单位				对	套	
名称			单位	消耗量		
人工	000203000	综合二类工	工日	0.780	0.720	0.900
材料	850103005	其他材料费	元	4.370	4.370	4.370
机械	870613028	工业用真有效值万用表	台班	0.050	0.050	0.050

工作内容：开箱检查、设备组装、检查基础、划线、定位、接线、本体安装调试。 **计量单位：**见表

编号				5-6-18	5-6-19	5-6-20	5-6-21	5-6-22
项目				振动探测器	电子围栏控制器	无线按钮控制器	振动泄露电缆	电子围栏
单位				套			m	
名称			单位	消耗量				
人工	000203000	综合二类工	工日	0.780	1.050	0.140	0.105	0.140
材料	850103005	其他材料费	元	4.370	4.370	4.370	0.650	0.970
机械	870613028	工业用真有效值万用表	台班	0.050	0.050	0.050	—	—

工作内容：开箱检查、设备组装、检查基础、划线、定位、接线、本体安装调试。 **计量单位：**套

编号				5-6-23	5-6-24	5-6-25
项目				驻波探测器、泄露电缆控制器（不含线缆）	无线报警探测器	感应式控制器（不含线）振动电缆控制器
名称			单位	消耗量		
人工	000203000	综合二类工	工日	1.500	1.400	2.500
材料	850103005	其他材料费	元	4.370	4.370	4.370
机械	870613028	工业用真有效值万用表	台班	0.050	0.050	0.050

工作内容：开箱检查、设备组装、检查基础、划线、定位、接线、本体安装调试。　　　　**计量单位：**套

编　号				5-6-26	5-6-27	5-6-28
项　目				报警声音复核装置（声音探头）	无线传输报警按钮	探测器支架安装
名　称			单位	消　耗　量		
人工	000203000	综合二类工	工日	0.500	0.250	0.200
材料	850103005	其他材料费	元	4.370	4.280	0.610
机械	870613028	工业用真有效值万用表	台班	0.050	0.050	—

2. 入侵报警控制器

工作内容：开箱检查、接线、本体安装调试。　　　　**计量单位：**套

编　号				5-6-29	5-6-30	5-6-31	5-6-32
项　目				多线制报警控制器（路以内）			
				8	16	32	64
名　称			单位	消　耗　量			
人工	000203000	综合二类工	工日	5.600	7.000	8.750	11.200
材料	850103005	其他材料费	元	2.720	3.240	4.280	4.360
机械	870613028	工业用真有效值万用表	台班	0.500	0.600	0.800	1.000

工作内容：开箱检查、接线、本体安装调试。　　　　**计量单位：**套

编　号				5-6-33	5-6-34	5-6-35	5-6-36	5-6-37	5-6-38
项　目				总线制报警控制器（路以内）					
				8	16	32	64	128	256
名　称			单位	消　耗　量					
人工	000203000	综合二类工	工日	4.200	6.300	7.700	9.800	11.900	15.400
材料	850103005	其他材料费	元	2.720	3.240	4.280	4.360	4.400	4.800
机械	870613028	工业用真有效值万用表	台班	0.500	0.600	0.800	1.000	3.000	5.000

工作内容：开箱检查、接线、本体安装调试。　　　　**计量单位：**套

<table>
<tr><td colspan="4">编　号</td><td>5-6-39</td><td>5-6-40</td><td>5-6-41</td><td>5-6-42</td><td>5-6-43</td><td>5-6-44</td></tr>
<tr><td colspan="4" rowspan="2">项　目</td><td colspan="3">地址模块（路以内）</td><td colspan="2">有线对讲主机（路以内）</td><td rowspan="2">用户机</td></tr>
<tr><td>2</td><td>4</td><td colspan="2">8</td><td>16</td></tr>
<tr><td colspan="3">名　称</td><td>单位</td><td colspan="6">消　耗　量</td></tr>
<tr><td>人工</td><td>000203000</td><td>综合二类工</td><td>工日</td><td>0.210</td><td>0.280</td><td>0.420</td><td>2.800</td><td>5.250</td><td>0.210</td></tr>
<tr><td>材料</td><td>850103005</td><td>其他材料费</td><td>元</td><td>3.810</td><td>4.410</td><td>4.610</td><td>4.240</td><td>4.820</td><td>2.810</td></tr>
<tr><td>机械</td><td>870613028</td><td>工业用真有效值万用表</td><td>台班</td><td>0.100</td><td>0.100</td><td>0.200</td><td>1.000</td><td>1.500</td><td>0.050</td></tr>
</table>

3. 入侵报警中心显示设备

工作内容： 开箱检查、设备组装、接线、安装调试。 **计量单位：** 套

编号				5-6-45
项目				警灯、警铃、警号
名称			单位	消耗量
人工	000203000	综合二类工	工日	0.100
材料	850103005	其他材料费	元	4.200
机械	870613028	工业用真有效值万用表	台班	0.050

4. 入侵报警信号传输设备

工作内容： 开箱检查、设备组装、接线、本体安装调试。 **计量单位：** 套

编号				5-6-46	5-6-47	5-6-48
项目				有线报警信号前端传输设备（不含线缆）		联动通信接口
				电话线传输发送器、电源线传输发送器、专线传输发送器	网络传输接口	
名称			单位	消耗量		
人工	000203000	综合二类工	工日	2.100	0.350	1.050
材料	850103005	其他材料费	元	4.810	4.810	4.810
机械	870613028	工业用真有效值万用表	台班	0.100	0.100	0.100

工作内容： 开箱检查、设备组装、接线、本体安装调试。 **计量单位：** 系统

编号				5-6-49	5-6-50	5-6-51
项目				报警信号接收机（不含线缆）		
				专线传输接收机、电话线接收机、共用天线信号接收机	电源线接收机	无线门磁开关接收器
名称			单位	消耗量		
人工	000203000	综合二类工	工日	2.450	3.150	2.800
材料	850103005	其他材料费	元	4.810	4.810	4.810
机械	870613028	工业用真有效值万用表	台班	0.500	0.500	0.500

工作内容：开箱检查、设备组装、接线、本体安装调试。　　　　**计量单位：**套

编　　号				5-6-52	5-6-53	5-6-54
项　　目				无线报警发送、接收设备		
				发送设备（W）		无线报警接收设备
				2 以下	5 以下	
名　　称			单位	消　耗　量		
人工	000203000	综合二类工	工日	1.400	2.100	2.100
材料	280301006	铜芯塑料绝缘电线 BV-6mm²	m	2.040	2.040	2.040
	290901004	铜端子 6mm²	个	2.040	2.040	2.040
	850103005	其他材料费	元	0.160	0.160	—
机械	873122001	小功率计	台班	0.300	0.300	—

二、出入口设备安装、调试

1. 出入口目标识别设备

工作内容：开箱检查、设备组装、接线，本体安装。　　　　**计量单位：**台

编　　号				5-6-55	5-6-56	5-6-57	5-6-58	5-6-59	5-6-60
项　　目				读卡器		人体生物特征识别系统		密码键盘	出门按钮
				不带键盘	带键盘	采集器	识别器		
名　　称			单位	消　耗　量					
人工	000203000	综合二类工	工日	0.500	0.700	0.500	1.200	0.500	0.100
材料	850103005	其他材料费	元	4.370	4.370	4.370	4.370	4.370	—
机械	870613028	工业用真有效值万用表	台班	0.100	0.100	0.050	0.050	0.050	—

2. 出入口控制设备

工作内容：开箱检查、设备组装、接线、本体安装测试。　　　　**计量单位：**台

编　　号				5-6-61	5-6-62	5-6-63	5-6-64	5-6-65
项　　目				门禁控制器				
				单门	双门	四门	八门	十六门
名　　称			单位	消　耗　量				
人工	000203000	综合二类工	工日	0.700	1.260	2.240	3.850	5.950
材料	850103005	其他材料费	元	2.510	3.340	3.920	4.120	4.870
机械	870613028	工业用真有效值万用表	台班	0.200	0.400	0.600	1.000	2.000

3. 出入口执行机构设备

工作内容： 开箱检查、设备组装、接线、本体安装测试。 **计量单位：** 台

编号				5-6-66	5-6-67	5-6-68	5-6-69
项目				电控锁	电磁吸力锁	电子密码锁	自动闭门器
名称			单位	消耗量			
人工	000203000	综合二类工	工日	0.400	0.350	0.500	0.200
材料	850103005	其他材料费	元	4.980	4.980	4.980	4.370
机械	870613028	工业用真有效值万用表	台班	0.030	0.030	0.030	—

三、巡更设备安装、调试

工作内容： 开箱检查、本体安装测试。 **计量单位：** 套

编号				5-6-70	5-6-71
项目				电子巡更系统	
				信息钮	通信钮
名称			单位	消耗量	
人工	000203000	综合二类工	工日	0.100	1.500
机械	870613028	工业用真有效值万用表	台班	—	0.050

四、电视监控摄像设备安装、调试

1. 监控摄像设备

工作内容： 开箱检查、设备组装、检查基础、安装设备、接线、本体调试。 **计量单位：** 台

编号				5-6-72	5-6-73	5-6-74	5-6-75	5-6-76
项目				枪式摄像机	半球型摄像机	球型摄像机		防爆摄像机
						室内	室外	
名称			单位	消耗量				
人工	000203000	综合二类工	工日	0.750	0.840	1.050	1.400	1.500
材料	850103005	其他材料费	元	4.290	4.460	4.290	4.290	4.520
机械	870125001	彩色监视器	台班	0.100	0.100	0.500	0.500	0.500
	870613028	工业用真有效值万用表	台班	0.050	0.050	0.050	0.050	0.050

工作内容：开箱检查、设备组装、检查基础、安装设备、接线、本体调试。　　**计量单位：**台

编　号				5-6-77	5-6-78	5-6-79	5-6-80
项　目				微型摄像机	室内外云台摄像机	高速智能球型摄像机	微光摄像机
名　称			单位	消　耗　量			
人工	000203000	综合二类工	工日	1.400	1.610	1.960	1.750
材料	850103005	其他材料费	元	4.290	4.460	4.530	4.530
机械	870125001	彩色监视器	台班	0.200	0.100	0.300	0.500
	870613028	工业用真有效值万用表	台班	0.050	0.050	0.050	0.050

工作内容：开箱检查、设备组装、检查基础、安装设备、接线、本体调试。　　**计量单位：**台

编　号				5-6-81	5-6-82	5-6-83	5-6-84
项　目				红外光源摄像机	X 射线摄像机	水下摄像机	医用显微摄像机
名　称			单位	消　耗　量			
人工	000203000	综合二类工	工日	1.400	0.700	2.800	0.700
材料	850103005	其他材料费	元	4.530	4.530	4.530	4.530
机械	870125001	彩色监视器	台班	0.500	0.500	0.500	0.350
	870613028	工业用真有效值万用表	台班	0.050	0.050	0.100	0.100

工作内容：开箱检查、设备组装、检查基础、安装设备、接线、本体调试。　　**计量单位：**台

编　号				5-6-85	5-6-86	5-6-87	5-6-88
项　目				定焦距		变焦变倍	
				手动光圈镜头	自动光圈镜头		电动光圈镜头
名　称			单位	消　耗　量			
人工	000203000	综合二类工	工日	0.200	0.300	0.420	0.350
机械	870125001	彩色监视器	台班	0.100	0.100	0.100	0.100

工作内容：开箱检查、设备组装、检查基础、安装设备、接线、本体调试。　　**计量单位：**套

编　号				5-6-89	5-6-90	5-6-91	5-6-92
项　目				摄像机防护罩			
				普通	密封	全天候	防爆
名　称			单位	消　耗　量			
人工	000203000	综合二类工	工日	0.150	0.250	0.750	0.600
材料	850103005	其他材料费	元	2.940	2.940	2.940	2.940

工作内容：开箱检查、设备组装、检查基础、安装设备、接线、本体调试。 **计量单位：**套

编号				5-6-93	5-6-94	5-6-95
项目				摄像机支架		
				壁式	悬挂式	立柱式
名称			单位	消耗量		
人工	000203000	综合二类工	工日	0.400	0.600	0.480
材料	850103005	其他材料费	元	5.340	5.340	5.340

工作内容：开箱检查、设备组装、检查基础、安装设备、接线、本体调试。 **计量单位：**见表

编号				5-6-96	5-6-97	5-6-98	5-6-99	5-6-100
项目				摄像机云台（载重量 kg）			云台控制器	照明灯（含红外灯）
				≤ 8	≤ 25	≤ 45		
单位				套			台	
名称			单位	消耗量				
人工	000203000	综合二类工	工日	0.800	2.000	2.500	1.200	0.300
材料	850103005	其他材料费	元	1.220	1.840	1.840	4.850	4.500
机械	990512010	平台作业升降车 9m	台班	—	0.500	0.500	—	—
	990422010	手动液压叉车	台班	—	—	0.500	—	—
	873150102	对讲机（一对）	台班	—	—	—	0.250	—
	870125001	彩色监视器	台班	—	—	—	0.500	—
	870613028	工业用真有效值万用表	台班	0.100	0.100	0.100	0.300	0.100

工作内容：开箱检查、设备组装、检查基础、安装设备、接线、本体调试。 **计量单位：**台

编号				5-6-101	5-6-102	5-6-103	5-6-104
项目				控制台和监视器柜架			
				单联控制台机架	双联控制台机架	监视器柜	监视器吊架
名称			单位	消耗量			
人工	000203000	综合二类工	工日	1.500	2.000	2.470	1.000
材料	280301006	铜芯塑料绝缘电线 BV-6mm^2	m	2.040	2.040	2.040	2.040
	290901004	铜端子 6mm^2	个	2.020	2.020	2.020	2.020
	850103005	其他材料费	元	—	—	—	0.610
机械	990422010	手动液压叉车	台班	0.300	0.400	0.494	—
	870622039	钳形接地电阻测试仪	台班	0.300	0.050	0.050	0.050

2. 视频控制设备

工作内容： 开箱检查、接线、本体安装调试。 **计量单位：** 台

编号				5-6-105	5-6-106	5-6-107	5-6-108	5-6-109	5-6-110
项目				矩阵切换设备（路以下）					
				8	16	32	64	128	256
名称			单位	消耗量					
人工	000203000	综合二类工	工日	1.400	2.100	3.500	5.600	7.700	10.500
材料	280301006	铜芯塑料绝缘电线 BV-6mm^2	m	—	—	—	2.040	2.040	2.040
	290901004	铜端子 6mm^2	个	—	—	—	2.040	2.040	2.040
	850103005	其他材料费	元	4.370	4.370	4.370	4.370	4.370	4.370
机械	870125001	彩色监视器	台班	1.000	1.000	1.000	1.000	1.000	1.000
	870613028	工业用真有效值万用表	台班	0.300	0.400	0.600	1.200	3.000	3.000

工作内容： 开箱检查、接线、本体安装调试。 **计量单位：** 台

编号				5-6-111	5-6-112	5-6-113	5-6-114
项目				多画面分割器（合成器画面）			
				4	9	16	24
名称			单位	消耗量			
人工	000203000	综合二类工	工日	0.600	1.300	2.100	2.500
材料	850103005	其他材料费	元	4.370	4.370	4.370	4.370
机械	870613028	工业用真有效值万用表	台班	0.300	0.300	0.400	0.400

3. 视频传输设备

工作内容： 开箱检查、接线、本体安装调试。 **计量单位：** 台

编号				5-6-115	5-6-116	5-6-117	5-6-118
项目				视频传输设备			
				多路遥控发射设备	接收设备	编码器、解码器	
						≤4 路	＞4 路
名称			单位	消耗量			
人工	000203000	综合二类工	工日	2.800	2.100	0.400	0.800
材料	850103005	其他材料费	元	4.370	4.370	4.370	4.730
机械	870199011	笔记本电脑	台班	—	0.500	0.200	0.400
	873122001	小功率计	台班	0.500	—	—	—
	870613028	工业用真有效值万用表	台班	0.500	—	0.100	0.200

4. 录 像 设 备

工作内容： 开箱检查、接线、本体安装调试。　　　　**计量单位：** 台

编　　号				5-6-119	5-6-120	5-6-121	5-6-122
项　　目				录像设备			
				不带编辑机	带编辑机	时滞录像机	磁带录像机
名　　称			单位	消　耗　量			
人工	000203000	综合二类工	工日	0.490	1.050	0.490	0.420
材料	850103005	其他材料费	元	4.370	4.370	4.370	4.370

工作内容： 开箱检查、接线、本体安装调试。　　　　**计量单位：** 台

编　　号				5-6-123	5-6-124	5-6-125	5-6-126	5-6-127
项　　目				视频服务器（路以内）			中心控制器	主控键盘
				50	100	200		
名　　称			单位	消　耗　量				
人工	000203000	综合二类工	工日	8.000	15.000	20.000	1.400	0.800
材料	280301006	铜芯塑料绝缘电线 BV-6mm^2	m	2.040	2.040	2.040	—	—
	290901004	铜端子 6mm^2	个	2.040	2.040	2.040	—	—
	850103005	其他材料费	元	2.340	3.210	4.980	0.160	—
机械	870622055	接地电阻测试仪	台班	0.050	0.050	0.050	—	—
	870199011	笔记本电脑	台班	3.000	5.000	8.000	—	—

五、安全检查设备安装、调试

工作内容： 开箱检查、安装接线、本体安装调试。　　　　**计量单位：** 台

编　　号				5-6-128	5-6-129	5-6-130	5-6-131
项　　目				X射线安全检查设备		金属武器探测门	X射线设备数据管理系统
				单通道	双通道		≤10通道
名　　称			单位	消　耗　量			
人工	000203000	综合二类工	工日	14.000	17.000	8.500	48.000
材料	290901003	冷压接线端头 RJ4r	个	—	—	—	40.000
	850103005	其他材料费	元	2.100	4.740	2.810	2.970
机械	990305010	叉式起重机 3t	台班	1.000	1.200	0.500	—
	873150102	对讲机（一对）	台班	—	—	—	1.000
	870199011	笔记本电脑	台班	3.000	3.000	1.000	2.000
	873138001	网络测试仪	台班	—	—	—	2.000
	870613028	工业用真有效值万用表	台班	2.000	2.000	0.500	2.000

工作内容：开箱检查、安装接线、本体安装调试。　　　　**计量单位：**套

编号				5-6-132	5-6-133	5-6-134	5-6-135	5-6-136	5-6-137
项目				X 射线探测设备		环形线圈车辆检测器		LED 可变信息标志	
				便携式	台式	单通道	双通道	门架式	悬臂式
名称			单位	消耗量					
人工	000203000	综合二类工	工日	3.000	3.000	1.800	3.600	30.000	18.000
材料	280001007	绝缘导线	m	—	—	30.000	60.000	—	—
	850103005	其他材料费	元	—	3.280	3.790	4.970	4.750	3.450
机械	870199011	笔记本电脑	台班	1.000	—	—	—	—	—
	871634025	X.Y 辐射剂测量仪	台班	0.200	0.200	—	—	—	—
	990305010	叉式起重机 3t	台班	—	0.200	—	—	—	—
	990414010	电瓶车 2.5t	台班	—	0.200	—	—	—	—
	990744010	半自动切割机 100mm	台班	—	—	0.500	0.750	—	—
	870613013	兆欧表	台班	—	—	0.200	0.200	—	—
	990512010	平台作业升降车 9m	台班	—	—	—	—	4.000	2.000
	873150102	对讲机（一对）	台班	—	—	—	—	4.000	4.000
	870613028	工业用真有效值万用表	台班	—	0.100	0.100	0.100	2.000	2.000

六、停车场管理设备安装、调试

工作内容：开箱检查、定位、安装、接线、电气调试、指标测试。　　　　**计量单位：**台

编号				5-6-138	5-6-139	5-6-140	5-6-141
项目				停车场显示设备			
				停车场、出入口标志牌	空满标志牌	车位占用显示牌	通行诱导信息牌
名称			单位	消耗量			
人工	000203000	综合二类工	工日	3.000	2.000	2.000	1.500
材料	850103005	其他材料费	元	2.050	4.790	4.790	4.780
机械	990512010	平台作业升降车 9m	台班	0.500	0.500	0.500	0.500
	870199011	笔记本电脑	台班	0.500	0.500	0.500	0.500
	870613028	工业用真有效值万用表	台班	0.200	0.200	0.050	0.200

工作内容：开箱检查、定位、安装、接线、电气调试、指标测试。　　**计量单位：**台

编号				5-6-142	5-6-143	5-6-144	5-6-145
项目				栏杆装置		视频传输设备	纸质磁条通行券写、读机
				电动栏杆	手动栏杆		
名称			单位	消耗量			
人工	000203000	综合二类工	工日	3.000	1.000	0.250	1.600
材料	850103005	其他材料费	元	56.400	4.400	2.500	2.500
机械	990422010	手动液压叉车	台班	0.500	0.200	—	—
	870613028	工业用真有效值万用表	台班	0.500	—	—	—

工作内容：开箱检查、定位、安装、接线、电气调试、指标测试。　　**计量单位：**台

编号				5-6-146	5-6-147	5-6-148
项目				远距离读卡	非接触式 IC 卡读写机	自动收、发卡机
名称			单位	消耗量		
人工	000203000	综合二类工	工日	1.600	1.200	1.440
材料	850103005	其他材料费	元	0.780	0.780	0.780
机械	870613028	工业用真有效值万用表	台班	0.200	0.200	0.200

工作内容：开箱检查、定位、安装、接线、电气调试、指标测试。　　**计量单位：**台

编号				5-6-149	5-6-150	5-6-151
项目				车辆牌照识别装置	红外车辆识别装置	挡车器
名称			单位	消耗量		
人工	000203000	综合二类工	工日	2.880	3.200	2.000
材料	850103005	其他材料费	元	4.370	4.370	4.870
机械	990422010	手动液压叉车	台班	—	—	0.400
	870613028	工业用真有效值万用表	台班	1.000	2.000	0.200
	870125001	彩色监视器	台班	1.000	1.000	—

七、安全防范分系统调试

工作内容：系统调试、参数(指标)设置、完成自检测试报告。　　**计量单位：**系统

编　号				5-6-152	5-6-153	5-6-154	5-6-155	5-6-156	5-6-157
项　目				入侵报警系统（个点）		电视监视系统（台）		出入口控制系统（门）	
				≤ 30	> 30，每增加 5	≤ 50	> 50，每增加 10	≤ 50	> 50，每增加 5
名　称			单位	消　耗　量					
人工	000303000	综合三类工	工日	20.000	2.500	25.000	2.500	22.000	1.800
机械	870199011	笔记本电脑	台班	—	—	—	—	4.000	0.250
	873150102	对讲机（一对）	台班	3.000	0.300	3.000	0.500	5.000	0.400
	870613028	工业用真有效值万用表	台班	2.000	0.200	2.500	0.250	—	—

工作内容：系统调试、参数(指标)设置、完成自检测试报告。　　**计量单位：**系统

编　号				5-6-158	5-6-159	5-6-160	5-6-161
项　目				电子巡更（个点）		停车场管理系统	
				≤ 50	> 50，每增加 50	2 进 2 出以内	增加 1 进 1 出
名　称			单位	消　耗　量			
人工	000303000	综合三类工	工日	12.000	2.500	3.500	1.000
机械	870613028	工业用真有效值万用表	台班	1.000	0.200	—	—
	873150102	对讲机（一对）	台班	—	—	0.500	0.100
	870199011	笔记本电脑	台班	—	—	0.500	0.100

八、安全防范系统调试

工作内容：安防系统联合调试、联动现场测量、记录、对比、调整。　　**计量单位：**系统

编　号				5-6-162	5-6-163	5-6-164	5-6-165	5-6-166	5-6-167
项　目				安防系统联合调试（点以下）					
				≤ 200	≤ 400	≤ 600	≤ 800	≤ 1000	> 1000，每增 100
名　称			单位	消　耗　量					
人工	000303000	综合三类工	工日	25.000	45.000	70.000	90.000	110.000	10.000
材料	340501002	打印纸 132-1	箱	0.100	0.200	0.300	0.400	0.500	0.050
	850103005	其他材料费	元	2.410	2.890	3.710	3.890	4.890	1.780
机械	873150102	对讲机（一对）	台班	20.000	35.000	50.000	60.000	80.000	6.000
	870199011	笔记本电脑	台班	5.000	10.000	15.000	20.000	25.000	2.000
	870199013	宽行打印机	台班	8.000	15.000	22.000	29.000	35.000	2.000
	870125001	彩色监视器	台班	5.000	10.000	15.000	20.000	25.000	2.000
	870613028	工业用真有效值万用表	台班	10.000	20.000	30.000	40.000	50.000	4.000

九、安全防范系统工程试运行

工作内容：系统试运行、完成试运行报告等。 **计量单位：**系统

编号				5-6-168	5-6-169
项目				试运行（点）	
				≤200	>200，每增加200
名称			单位	消耗量	
人工	000303000	综合三类工	工日	45.000	15.000
材料	340501002	打印纸 132-1	箱	0.050	0.020
机械	873150102	对讲机（一对）	台班	20.000	5.000
	870199011	笔记本电脑	台班	2.500	1.200
	870199013	宽行打印机	台班	2.000	1.000
	870125001	彩色监视器	台班	2.000	1.000
	870613028	工业用真有效值万用表	台班	5.000	2.500

十、补 充 项 目

1. 监控摄像设备电源

工作内容：设备开箱、检查、划线、定位、固定、接地。 **计量单位：**台

编号				5-6-170
项目				电源
名称			单位	消耗量
人工	000203000	综合二类工	工日	0.200
材料	850103005	其他材料费	元	0.910

2. 音频、视频及脉冲分配器

工作内容：开箱检查、接线、本体安装调试。 **计量单位：**台

编号				5-6-171	5-6-172	5-6-173
项目				分配器（路）		
				≤6	≤12	≤24
名称			单位	消耗量		
人工	000203000	综合二类工	工日	1.050	1.400	2.100
材料	280301006	铜芯塑料绝缘电线 BV-6mm²	m	2.040	2.040	2.040
	290901004	铜端子 6mm²	个	2.040	2.040	2.040
	850103005	其他材料费	元	4.370	4.370	4.370
机械	870613028	工业用真有效值万用表	台班	0.300	0.300	0.300
	870199011	笔记本电脑	台班	0.400	0.600	1.000

3. 双绞线视频传输设备（发送器、接收器）

工作内容： 开箱检查、接线、本体安装调试。　　**计量单位：** 台

编　号				5-6-174	5-6-175
项　目				发送器	接收器
名　称			单位	消　耗　量	
人工	000203000	综合二类工	工日	0.800	1.000
机械	870613028	工业用真有效值万用表	台班	0.100	0.100

4. 停车厂管理设备（收据打印机）

工作内容： 开箱检查、定位、安装、接线、电气调试、指标测试。　　**计量单位：** 台

编　号				5-6-176
项　目				收据打印机
名　称			单位	消　耗　量
人工	000203000	综合二类工	工日	0.250
材料	850103005	其他材料费	元	4.500

5. 出入口门禁控制一体机

工作内容： 开箱检查、设备组装、接线、本体安装测试。　　**计量单位：** 台

编　号				5-6-177
项　目				门禁控制一体机（含读卡器）
名　称			单位	消　耗　量
人工	000203000	综合二类工	工日	1.980
材料	850103005	其他材料费	元	0.044
机械	870613028	工业用真有效值万用表	台班	0.830

6. 出入口执行机构设备

工作内容： 开箱检查、设备组装、接线、本体安装测试。　　**计量单位：** 台

编　号				5-6-178	5-6-179
项　目				三辊闸	翼闸
名　称			单位	消　耗　量	
人工	000203000	综合二类工	工日	4.280	5.350
材料	850103005	其他材料费	元	25.000	30.000

第七章

智能建筑设备防雷接地

说　明

一、本章内容包括电涌保护器及等电位连接，配电箱电涌保护器、信号电涌保护器的安装和调试。
二、本章防雷、接地装置按成套供应考虑。
三、有关电涌保护器布放电源线缆等项目执行第四册《电气设备与线缆安装工程》相应项目。

工程量计算规则

一、电涌保护器安装、调试应按设计图示数量，以“套”为计量单位。
二、信号电涌保护器安装、调试应按设计图示数量，以“套”为计量单位。
三、等电位连接，按项目规定计量单位。

一、电涌保护器安装、调试

1. 模块式电涌保护器安装

工作内容：开箱检查、防护遮拦、安装、固定、接线、检验。 **计量单位：**套

编 号				5-7-1	5-7-2
项 目				总配电箱电涌保护器雷电流通量（10/350μs Ⅰ类试验）	
				220V	380V
				≥ 12.5kA	
名 称			单位	消 耗 量	
人工	000203000	综合二类工	工日	0.589	0.642
材料	280317008	铜芯塑料绝缘软电线 BVR-$6mm^2$	m	1.020	2.040
	280317009	铜芯塑料绝缘软电线 BVR-$10mm^2$	m	0.510	0.510
	030313002	标准导轨 $35mm^2$	m	0.306	0.510
	270113001	熔断器 RT18/63A	个	2.000	2.000
	022701001	棉纱	kg	0.050	0.050
	030107004	膨胀螺栓 M6～12 × 50～120	套	4.080	4.080
	182907003	热缩管 $\phi50$	m	0.150	0.150
	850103005	其他材料费	元	1.290	2.250
机械	870613028	工业用真有效值万用表	台班	0.060	0.080

工作内容：开箱检查、防护遮拦、安装、固定、接线、检验。 **计量单位：**套

编 号				5-7-3	5-7-4	5-7-5	5-7-6
项 目				分配电箱电涌保护器雷电流通量（8/20μs Ⅱ类试验）			
				220V	380V	220V	380V
				＞ 50kA		10～50kA	
名 称			单位	消 耗 量			
人工	000203000	综合二类工	工日	0.483	0.483	0.429	0.483
材料	280317007	铜芯塑料绝缘软电线 BVR-$4mm^2$	m	—	—	1.020	2.040
	280317008	铜芯塑料绝缘软电线 BVR-$6mm^2$	m	1.020	2.040	0.510	0.510
	280317009	铜芯塑料绝缘软电线 BVR-$10mm^2$	m	0.510	0.510	—	—
	030313002	标准导轨 $35mm^2$	m	0.306	0.510	0.306	0.510
	270113001	熔断器 RT18/63A	个	2.000	4.000	2.000	4.000
	022701001	棉纱	kg	0.050	0.050	0.050	0.050
	030107004	膨胀螺栓 M6～12 × 50～120	套	4.080	4.080	2.040	2.040
	182907003	热缩管 $\phi50$	m	0.150	0.150	0.100	0.100
	850103005	其他材料费	元	1.240	2.110	1.200	1.940
机械	870613028	工业用真有效值万用表	台班	0.060	0.080	0.060	0.080

工作内容： 开箱检查、防护遮拦、安装、固定、接线、检验。　　　　**计量单位：** 套

编号				5-7-7	5-7-8	5-7-9
项目				分配电箱电涌保护器		
				交流电涌保护器		直流电涌保护器
				标称通流容量（8/20μs Ⅱ/Ⅲ类试验）		标称通流容量（8/20μs Ⅱ类试验）
				220V	380V	24V/48V/110V/220V
				≥3kA		≥5kA
名称			单位	消耗量		
人工	000203000	综合二类工	工日	0.339	0.410	0.304
材料	280317006	铜芯塑料绝缘软电线 BVR-2.5mm²	m	1.020	2.040	—
	280317007	铜芯塑料绝缘软电线 BVR-4mm²	m	0.510	0.510	1.020
	280317008	铜芯塑料绝缘软电线 BVR-6mm²	m	—	—	0.510
	030313002	标准导轨 35mm²	m	0.306	0.510	0.510
	270113001	熔断器 RT18/63A	个	2.000	4.000	2.000
	022701001	棉纱	kg	0.050	0.050	0.050
	030107004	膨胀螺栓 M6～12×50～120	套	2.040	2.040	2.040
	182907003	热缩管 ϕ50	m	0.100	0.100	0.100
	850103005	其他材料费	元	1.570	2.180	0.910
机械	870613028	工业用真有效值万用表	台班	0.060	0.080	0.060

2. 模块式电涌保护器调试

工作内容： 通电调试。　　　　**计量单位：** 套

编号				5-7-10	5-7-11	5-7-12	5-7-13
项目				总配电箱电涌保护器雷电流通量（10/350μs Ⅰ类试验）			
				220V	380V	220V	380V
				≥12.5kA		≥50kA	
名称			单位	消耗量			
人工	000303000	综合三类工	工日	0.352	0.460	0.390	0.498
机械	870613013	兆欧表	台班	0.020	0.030	0.020	0.030
	870622039	钳形接地电阻测试仪	台班	0.030	0.030	0.030	0.030
	870199023	三参数测试仪	台班	0.040	0.060	0.040	0.060
	870613028	工业用真有效值万用表	台班	0.020	0.030	0.020	0.030

工作内容：通电调试。　　　　　　　　　　　　　　　　　　　　**计量单位：**套

编　号				5-7-14	5-7-15	5-7-16	5-7-17
项　目				分配电箱电涌保护器雷电流通量（8/20μs Ⅱ类试验）			
				220V	380V	220V	380V
				≥ 10kA		≥ 3kA	
名　称			单位	消　耗　量			
人工	000303000	综合三类工	工日	0.319	0.427	0.286	0.390
机械	870613013	兆欧表	台班	0.020	0.030	0.020	0.030
	870622039	钳形接地电阻测试仪	台班	0.030	0.030	0.030	0.030
	870199023	三参数测试仪	台班	0.040	0.060	0.040	0.060
	870613028	工业用真有效值万用表	台班	0.020	0.030	0.020	0.030

3. 并联箱式电涌保护器安装

工作内容：开箱检查、防护遮拦、安装、固定、接线、检验。　　　　　**计量单位：**套

编　号				5-7-18	5-7-19	5-7-20	5-7-21	5-7-22	5-7-23
项　目				总配电箱电涌保护器 雷电流通量					
				10/350μs Ⅰ类试验		8/20μs Ⅱ类试验			
				220V	380V	220V	380V	220V	380V
				≥ 12.5kA		≥ 50kA		≥ 10kA	
名　称			单位	消　耗　量					
人工	000203000	综合二类工	工日	0.589	0.642	0.483	0.536	0.429	0.483
材料	280317007	铜芯塑料绝缘软电线 BVR-4mm^2	m	—	—	—	—	1.020	2.040
	280317008	铜芯塑料绝缘软电线 BVR-6mm^2	m	1.020	2.040	1.020	2.040	0.510	0.510
	280317009	铜芯塑料绝缘软电线 BVR-10mm^2	m	0.510	0.510	0.510	0.510	—	—
	030313002	标准导轨 35mm^2	m	0.306	0.510	0.306	0.510	0.306	0.510
	270113001	熔断器 RT18/63A	个	2.000	2.000	2.000	4.000	2.000	4.000
	022701001	棉纱	kg	0.050	0.050	0.050	0.050	0.050	0.050
	030107004	膨胀螺栓 M6～12×50～120	套	4.080	4.080	4.080	4.080	4.080	4.080
	182907003	热缩管 $\phi 50$	m	0.150	0.150	0.150	0.150	0.150	0.150
	850103005	其他材料费	元	1.300	2.250	1.240	2.110	1.200	1.940
机械	870613028	工业用真有效值万用表	台班	0.060	0.080	0.060	0.080	0.060	0.080

4. 并联箱式电涌保护器调试

工作内容：通电调试。 **计量单位：**套

编　号				5-7-24	5-7-25	5-7-26	5-7-27	5-7-28	5-7-29
项　目				总配电箱电涌保护器 雷电流通量					
				10/350μs Ⅰ类试验		8/20μs Ⅱ类试验			
				220V	380V	220V	380V	220V	380V
				≥12.5kA		≥50kA		≥10kA	
名　称			单位	消　耗　量					
人工	000303000	综合三类工	工日	0.352	0.460	0.390	0.498	0.319	0.427
机械	870613013	兆欧表	台班	0.020	0.003	0.020	0.003	0.020	0.003
	870622039	钳形接地电阻测试仪	台班	0.003	0.003	0.003	0.003	0.003	0.003
	870199023	三参数测试仪	台班	0.004	0.006	0.040	0.060	0.040	0.060
	870613028	工业用真有效值万用表	台班	0.002	0.003	0.020	0.003	0.020	0.030

二、信号电涌保护器安装

工作内容：信号检查、固定、安装、接线、检验。 **计量单位：**套

编　号				5-7-30	5-7-31	5-7-32
项　目				信号电涌保护器	普通卡接式模块	标准导轨卡接式模块、智能监测型标准导轨卡接式模块
名　称			单位	消　耗　量		
人工	000203000	综合二类工	工日	0.230	0.230	0.230
材料	280317006	铜芯塑料绝缘软电线 BVR-2.5mm^2	m	—	1.020	1.020
	280317008	铜芯塑料绝缘软电线 BVR-6mm^2	m	0.510	0.510	0.510
	030313002	标准导轨 35mm^2	m	—	—	0.204
	022701001	棉纱	kg	0.050	0.050	0.050
	850103005	其他材料费	元	0.900	0.900	0.900
机械	873152051	线路测试仪	台班	0.050	—	—
	870613028	工业用真有效值万用表	台班	0.020	0.020	0.020

三、信号电涌保护器调试

工作内容：1. 信号检验、调试。
2. 信号检查、电涌保护器调试、智能系统调试、检验。 **计量单位：**套

编号				5-7-33	5-7-34	5-7-35
项目				信号电涌保护器	普通卡接式模块、标准导轨卡接式模块	智能监测型标准导轨卡接式模块
名称			单位	消耗量		
人工	000303000	综合三类工	工日	0.166	0.127	0.422
机械	870613028	工业用真有效值万用表	台班	0.020	0.020	0.020
	873152047	驻波比测试仪	台班	0.020	—	—
	873148001	示波器	台班	0.020	0.020	0.020

四、等电位连接

工作内容：下料、钻孔、煨弯、压接、固定、检验。 **计量单位：**见表

编号				5-7-36	5-7-37	5-7-38
项目				S 型等电位		
				接地汇流排	室内等电位环	接地跨接线安装
单位				块	m	套
名称			单位	消耗量		
人工	000203000	综合二类工	工日	0.064	0.103	0.012
材料	280317008	铜芯塑料绝缘软电线 BVR-6mm^2	m	—	—	0.510
	850103005	其他材料费	元	4.990	2.750	2.640
机械	870613028	工业用真有效值万用表	台班	0.020	0.020	0.020

工作内容：下料、钻孔、煨弯、压接、固定、检验。 **计量单位：**见表

编号				5-7-39	5-7-40	5-7-41
项目				M 型等电位		
				室内等电位环	网格宽度 ≤ 1m	接地跨接线
单位				m	m^2	套
名称			单位	消耗量		
人工	000203000	综合二类工	工日	0.115	0.153	0.026
材料	280317008	铜芯塑料绝缘软电线 BVR-6mm^2	m	—	—	1.020
	850103005	其他材料费	元	3.110	3.690	4.990
机械	870613028	工业用真有效值万用表	台班	0.020	0.020	0.020

工作内容：下料、钻孔、煨弯、压接、固定、检验。 **计量单位：**见表

编号				5-7-42	5-7-43	5-7-44	5-7-45
项目				室内混合型等电位			地网（mm）
				室内等电位环	网络网格宽度≤1m	接地跨接线安装	600×600
单位				m	m^2	套	m^2
名称			单位	消耗量			
人工	000203000	综合二类工	工日	0.103	0.127	0.015	0.238
材料	013511002	纯铜箔 δ0.04	kg	—	—	—	（2.699）
	280317008	铜芯塑料绝缘软电线 BVR-$6mm^2$	m	—	—	0.510	—
	850103005	其他材料费	元	3.260	4.700	4.470	1.600
机械	870622039	钳形接地电阻测试仪	台班	—	—	—	0.050
	870613028	工业用真有效值万用表	台班	0.020	0.020	0.020	—